T0343825

Die Vierte Dimension der Schöpfung

© Uta Ahrens

Reiner Kümmel übernahm 1974 in Würzburg eine Professur für Theoretische Physik, welche auch von zahlreichen Forschungs- und Gastdozentenaufenthalten im Ausland geprägt war. Mit seinem Buch Die *Vierte Dimension der Schöpfung* schlägt er nun eine Brücke zur Theologie.

Reiner Kümmel

Die Vierte Dimension der Schöpfung

Gott, Natur und Sehen in die Zeit

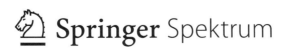 Springer Spektrum

Reiner Kümmel
Institut für Theoretische Physik und Astrophysik
Universität Würzburg
Am Hubland, 97074 Würzburg
Deutschland

ISBN 978-3-642-55349-3   ISBN 978-3-642-55350-9 (eBook)
DOI 10.1007/978-3-642-55350-9

Die Deutsche Nationalbibliothek verzeichnet diese Publikation in der Deutschen Nationalbibliografie; detaillierte bibliografische Daten sind im Internet über http://dnb.d-nb.de abrufbar.

Springer Spektrum
© Springer-Verlag Berlin Heidelberg 2015

Planung und Lektorat: Vera Spillner, Bettina Saglio
Redaktion: Dr. Bärbel Häcker
Einbandentwurf: deblik Berlin

Gedruckt auf säurefreiem und chlorfrei gebleichtem Papier

Springer Spektrum ist eine Marke von Springer DE. Springer DE ist Teil der Fachverlagsgruppe spectrum Science+Business Media
www.springer-spektrum.de

Für Rita

Vorwort

Der christliche Glaube scheint in den technisch hochentwickelten Industrieländern des 21. Jahrhunderts zu verdunsten. Das bedauern nicht nur Christen, die erfahren haben, wie der Glaube an Gott durch das Leben trägt, sondern auch Atheisten, die sich an die kultur- und ordnungsstiftende Rolle des Christentums in der Geschichte Europas erinnern.

Oft wird die wachsende religiöse Gleichgültigkeit vieler Menschen darauf zurückgeführt, dass Struktur und Entwicklung der belebten und unbelebten Welt durch die Naturwissenschaften immer besser aufgeklärt werden. Einher mit dieser Aufklärung geht ein Machtzuwachs des Menschen über die Natur, der bisher mit wachsendem materiellen Wohlstand verbunden war. Damit verliert sich das Gefühl der „schlechthinnigen Abhängigkeit", das *Schleiermacher*[1] als den Ursprung der Religion bezeichnet hat. In unseren

---

[1] Friedrich Daniel Ernst Schleiermacher, 1768–1834, evang. Theologe und Philosoph. Seine Schrift „Über die Religion. Reden an die Gebildeten unter ihren Verächtern" (1799) „ist das wirkungsmächtigste Plädoyer für eine persönliche, reale Erfahrung von Religion." (Der Große Brockhaus, Bd. 10, Wiesbaden, 1980).

komfortablen Lebensumständen ist der eigene Tod während eines Großteils unseres Lebens nicht mehr so gegenwärtig wie in früheren Zeiten. Solange er uns nicht beunruhigt, fühlen wir uns stark und unabhängig. Wenn er dann naht, rechnen die einen mit dem Nichts, und die anderen hoffen auf die Gegenwart Gottes. Doch auch im Vollbesitz unserer Kräfte spüren wir als Teil der Gesellschaft einen sich verstärkenden Trend zu Krise und Umbruch. Ob das Evangelium Jesu Christi beim Umsteuern helfen kann, müssen wir erst noch herausfinden. Aber wir sollten diese Option nicht völlig aus dem Blick verlieren. Um Hoffnung für den Einzelnen und die Vielen anzudeuten und um irrige Vorstellungen von Konflikten zwischen christlichem Glauben und der naturwissenschaftlichen Sicht der Dinge zu korrigieren, wurde diese Schrift verfasst.

Darin deutet die „Vorschau" den roten Faden durch das Buch an und zeigt in der „Zeitreise mit Walther", wie menschliche Kreativität die Machtquelle Energie erschließt, deren Beherrschung mittels der modernen Technik den Menschen unserer Tage so scheinbar frei und autonom gemacht hat. Am Ende der Reise sehen wir die neuen technischen, sozialen und spirituellen Herausforderungen, die aus der wirtschaftlichen Entwicklung und den Naturgesetzen erwachsen. Die nachfolgenden Kapitel schildern Gotteserfahrungen seit dem Ende des Mittelalters, das Erkennen der natürlichen Welt durch die Physik und die Gründe, die dem modernen Menschen den Glauben an Gott durchaus empfehlen.

Würzburg, März 2014   Reiner Kümmel

„But my Lord has shewn me the intestines of all my countrymen in the Land of Two Dimensions by taking me with him into the Land of the Three. What therefore is more easy than now to take his servant on a second journey into the blessed region of the Fourth Dimension, where I shall look down with him once more upon this Land of Three Dimensions."[1]

(Aber mein Herr hat mir das Innere all meiner Landsleute im Land der Zwei Dimensionen gezeigt, indem er mich mitgenommen hat ins Dreidimensionale Land. Was könnte nunmehr leichter sein als seinen Diener mitzunehmen auf eine zweite Reise in den gesegneten Bereich der Vierten Dimension, aus dem ich mit ihm abermals hinabblicken werde, nunmehr auf dieses Land der Drei Dimensionen.)
Edwin A. Abbot, 1838–1926

„Our fourth dimension, time, true dimension though it be, does not permit us to escape from a three-dimensional prison. It does enable us to get out, for if we wait patiently for time to pass, our sentence will be served and we shall be set free." [2]

(Unsere vierte Dimension, die Zeit, obwohl wahre Dimension, erlaubt uns nicht, einem dreidimensionalen Gefängnis zu entfliehen. Und doch eröffnet sie einen Ausgang, denn wenn wir geduldig darauf warten, dass die Zeit vergeht, wird unser Urteil gefällt, und wir werden in die Freiheit entlassen.)
Banesh Hoffmann, 1952

Danksagung

Hans Sillescu, emeritierter Professor der Physikalischen Chemie an der Universität Mainz, hat mit Fragen, freimütiger, konstruktiver Kritik und hilfreichen Hinweisen eine weitgehende Überarbeitung des Manuskripts veranlasst. Dafür danke ich ihm sehr. Alle verbliebenen Defizite sind selbstverständlich nur von mir zu verantworten. Ebenso danke ich Herrn Pfarrer i. R. Josef Wirth, Höchberg, für Literatur zum Thema „Jungfrauengeburt Jesu" [123]. Frau Dr. Vera Spillner, die Lektorin des Buches, hat mich in freundlicher Beharrlichkeit dazu angehalten, den roten Faden durchs Buch offenzulegen, auch mittels ausführlicher Überschriften, und besonders in Kap. 2 nicht nur zu zitieren, sondern auch persönlich zu kommentieren. Dabei ist mir wieder bewusst geworden, wie wichtig die Einheit von Form und Inhalt ist. Falls sie im Buch wahrgenommen werden kann, ist das Frau Spillners Verdienst, falls nicht, liegt es an meinem Unvermögen, den Reichtum der deutschen Sprache auszuschöpfen.

Inhaltsverzeichnis

1

Vorschau – Zeitreise mit Walther

1.1 Das Programm des Buches

Ums Diesseits und Jenseits geht es in unserem Buch. Doch wie nähert man sich einem Thema, dessen „Jenseits" uns so fern liegt? Da gibt es ein großes Vorbild: den Bericht des Florentiners Dante Alighieri über seine Reise durch das mittelalterliche Jenseits, mit Ausblicken ins unruhige Diesseits des 13. Jahrhunderts; bis zur Schwelle des Paradieses führt ihn der antike römische Dichterfürst Vergil [3]. Als Vorbild ist das meisterhafte Versepos zwar unerreichbar. Doch wir können ihm in romanhafter Prosa folgen und den geneigten Leser dazu einladen, einen durch unsere aktuellen Probleme beunruhigten Zeitgenossen namens Richard Volk zu begleiten auf seiner Reise durch Raum und Zeit[1] bis in die Gegenwart unter der Führung des Meisters mittelalterlicher deutscher Lyrik, Walther von der Vogelweide, der, aus dem Jenseits kommend, den großen Überblick hat. Dabei wechselwirken unsere beiden Helden, anders als im Vorbild, nicht mit ihrer Umgebung sondern beobachten nur

---

[1] In Anlehnung an die Zeitreise des *Prologue* in [87].

und lassen uns teilhaben an dem, was sie wissen, hören und sehen.

Am Ende dieser Reise stehen wir vor der Frage, wie wir die Herausforderungen der Zukunft bestehen können. Walther weist unseren Zeitgenossen Richard auf das Evangelium Jesu Christi hin. Doch der wundert sich – der Glaube an Gott widerspräche doch dem naturwissenschaftlichen Weltbild. Dass dem nicht so ist, versucht das Buch im Weiteren nachzuweisen. Berichtet werden Erfahrungen in der geistigen Welt des Glaubens und in der Energie-Materie-Welt der Naturwissenschaft. *Erfahrungen* bilden den roten Faden, der sich durch das Buch zieht. Sie zeigen, dass die theoretische Deutung fundamentaler physikalischer Experimente der Vernunft nicht weniger abverlangt als der Glaube an Gott und weisen darauf hin, dass für einen Physiker sein berufliches Wissen und sein christlicher Glaube einander gut ergänzen können. Kann man also auch heute das Apostolische Glaubensbekenntnis der Christen ohne vernunftbedingte Vorbehalte sprechen? Die Antwort ist „Ja". Ob sie überzeugt, mögen die Leserinnen und Leser beurteilen. Eine kritische Auseinandersetzung mit dieser Antwort wird in der „Nachlese" am Ende des Buches jedenfalls gleich mitgeliefert.

Das Buchprogramm nach der „Zeitreise" ist folgendes.

Kapitel 2 erinnert an die Erfahrungen biblischer Menschen mit Gott. Berichte von Gotteserfahrungen bis in unsere Zeit schließen sich an. Danach ergeben sich Fragen an einen Versuch, christliche und fernöstliche Mystik zu vermischen. Kritik von Geisteswissenschaftlern am Gottesglauben, die sich auf die Naturwissenschaft des 18. und 19.

Jahrhunderts stützt, wird aus der Sicht der modernen Physik kommentiert und durch Aussagen moderner, durchaus auch agnostischer Physiker ergänzt.

Kapitel 3 skizziert das moderne Verständnis von „Natur". Zuerst wird die Methode geschildert, Naturerkenntnis mittels Spielen, Experimentieren und theoretischer Modellbildung zu gewinnen. Dann sehen wir die Energie-Materie-Welt im Licht von Relativitäts- und Quantentheorie und verfolgen den Gang der Dinge, der durch Energieumwandlung und die Produktion von Entropie, sprich Unordnung, bestimmt wird. Der Drang zur Unordnung macht sich bei der Aufhebung von Beschränkungen besonders bemerkbar. Bedenkenswert ist das nicht nur für Wirtschaft und Umwelt, sondern auch für den Umgang mit den Beschränkungen, die das menschliche Zusammenleben regeln.

In Kap. 4 wird ein Brückenschlag versucht – vom Ufer der Naturerkenntnis über das Meer der Unwissenheit zum Ufer des Glaubens an Gott. Ein Brückenteil wird gebildet vom Zusammenfall der Gegensätze sowohl in physikalischen Phänomenen als auch im Glauben an Gott. Der andere besteht aus dem physikalischen Wissen von der Entstehung und Beschaffenheit der vierdimensionalen Raum-Zeit-Welt und den Vorstellungen des Glaubens von immerwährender Schöpfung. Gewagt wird auch eine Sicht in die Zeit und in die Evolution der Welt und des Lebens aus einem Zustand jenseits von Raum und Zeit in Analogie zur Sicht aus den drei Dimensionen unserer Raumwelt auf eine fiktive Flachwelt.

Die „Nachlese" bekräftigt das Apostolische Glaubensbekenntnis, berichtet von einem Dialog mit „einem hartgesottenen Agnostiker und gläubigen Christen", setzt sich, dadurch angeregt, mit exegetischen Überlegungen zur Geburt Jesu auseinander und schließt mit einer Betrachtung zu Überdehnungen des Naturrechts.

1.2   Die Begegnung

„Wie soll es weiter gehen?" grübelt Richard Volk. „Wir können nicht mehr so weitermachen wie bisher." Wälzt ein Gehirn ein dickes Problem, schaltet es irgendwann ab – so auch das von Richard. Seine Gedanken wandern in das Land der Träume. Dort begegnet ihm jemand.

„Ave!"

„Ave – was?"

„Ich grüße Dich."

„Wer bist Du?", fragt Richard den Fremden.

„Walther", antwortet dieser.

„Walther – wer?"

„von der Vogelweide. Einer Deiner Vorfahren."

„Der Minnesänger? Under der linden an der heide, dâ unser zweier bette was ... tandarei ... schône sanc diu nahtegal? Von Dir steckt was in meinen Genen?", staunt Richard.

„So ist es", bestätigt der andere lächelnd.

„Hm, woher kommst Du?"

„Aus dem Zustand jenseits von Raum und Zeit, in dem man die Welt vom Anfang bis zum Ende überblicken kann."

„Wie kann das geschehen?"

„Stirb, und Du wirst sehen."

„Huh. – Aber warum kommst Du zu mir?"

„Weil Du mich gerufen hast."

„Ich? Dich? Wie?"

„Durch Deine Unruhe. Was unsere Nachkommen bewegt, teilt sich uns mit. Dann bieten wir Hilfe an. Doch nur Wenige nehmen uns wahr. Die meisten sind zu sehr mit sich beschäftigt."

Richard weiß zunächst nicht, was er davon halten soll. Dann fragt er: „Du willst mir helfen – wobei?"

„Antwort finden auf Deine Frage, wie es weitergehen soll."

„Dann gib mir die Antwort."

„Die musst Du schon selber finden. Nur den Weg kann ich Dir zeigen."

„Wo ist dieser Weg?"

„Komm und sieh."

1.3   Vom Urknall zur Sonne

Im nächsten Augenblick steht Walther mit Richard im goldenen Licht. „Dort, im pulsierenden Zentrum des Lichts beginnt unsere Reise. Nimm meine Hand, dann siehst Du durch mich."

Kaum hat er Walthers Hand berührt, wird Richard von einem Sog ergriffen, der ihn vorwärts reißt. Engstes Dunkel umgibt ihn, das sich ausdehnt und plötzlich in grellstes Weiß explodiert.

„Du erlebst den Urknall, den Beginn der Raum-Zeit", flüstert Walther.

Die gleißende Strahlung klumpt hier und da zu winzigen Teilchen zusammen. Richard sieht das Brodeln der Quark-Suppe, dann die Kondensation der Quarks zu Protonen und Neutronen und deren Verschmelzung zu den leichten Elementen Deuterium, Helium und Lithium.

„Jetzt sind hundert Sekunden seit dem Urknall vergangen, das expandierende Universum hat sich von 10^{32} Grad auf etwas mehr als eine Milliarde Grad abgekühlt und dabei viel von seiner Energie in Licht und Materie umgewandelt", erklärt Walther. „Ob Grad Kelvin oder Celsius spielt übrigens bei diesen hohen Temperaturen keine Rolle – doch um vollständig zu sein: Grad Celsius ist Grad Kelvin plus 273,15."

„Heißt das: alles was ist, entsteht aus Energie?", fragt Richard erstaunt.

„Ja."

Der Kosmos dehnt sich weiter aus. Materie und Strahlung entkoppeln, das Universum wird durchsichtig, und Richard sieht das All erfüllt von verschiedenfarbigem Leuchten.

„Das ist die kosmische Hintergrundstrahlung mit ihren Fluktuationen. Wir sind bei 400.000 Jahren", fährt Walther fort. „Die nächsten 600.000 Jahre gibt es nicht viel zu sehen. Da entstehen die ersten Sterne und fusionieren die Elemente schwerer als Eisen – wie Kupfer, Silber und Gold."

Nach einer Milliarde Jahre werden die Sterne und Galaxien sichtbar und erfüllen das All mit ihrem Glanz.

„Welche Schönheit", murmelt Richard ergriffen.

Walther lächelt: „Es kommt noch besser. Komm in Deine Zeit."

Galaxien wirbeln und bilden Superhaufen. Die Hintergrundstrahlung ist auf 2,725 Grad Kelvin (K). abgekühlt und erfüllt fast gleichmäßig den Raum, der sich über 100 Mrd. Lichtjahre erstreckt.

„Alle Strukturen gehen auf die Fluktuationen zurück, die Du auch in den etwas wärmeren und etwas kälteren Bereichen der Hintergrundstrahlung siehst", kommentiert Walther.

„Energie und Energieschwankungen sind also der Ursprung der Welt und all ihrer Strukturen?"

„So kann man es sehen."

Richard schweigt, grübelt und blickt gebannt auf die strahlenden Sterne des Weltraums.

„Und jetzt habe ich gesehen, was der Kosmos enthält?", fragt er dann.

„Nein, nur fünf Prozent" .

„Und der Rest?"

„Ist zu 20 % dunkle Materie und zu 75 % dunkle Energie."

„Was ist das – dunkle Materie und dunkle Energie?"

„Das darf ich nicht sagen. Uns ist nur erlaubt mitzuteilen, was die Menschen schon wissen oder einmal gewusst haben. Aber für die Frage, mit der Du mich gerufen hast, ist das auch nicht so wichtig. Dafür kommt es nur auf einen winzigen Teil von dem an, was Du siehst. Dahin geht es jetzt."

Die Tiefe des Raums rast auf unsere Reisenden zu. Sterne jagen an ihnen vorbei wie Funken in der Nacht. Dann werden die Bewegungen langsamer, und ein Spiralnebel wächst ihnen entgegen. Einer seiner Sternenarme dreht in ihre Richtung. Sie tauchen ein in seinen äußeren Rand – und eine gleißende Kugel strahlt auf im tiefschwarzen Raum. Protuberanzen wabern über ihre Oberfläche, und in gewaltigen

Eruptionen schießen in kurzen Abständen Ströme glühender Gase ins All. In großer Ferne umkreist sie ein blauer Planet.

„Schön bist du im Lichtberg des Himmels,
Lebender Sonnenstern, der du lebtest am Anfang.
Jedes Land erfüllst du mit deiner Schönheit.
Groß bist du, funkelnd über jedem Lande.
Jedes Land umarmt deine Strahlen
bis zum letzten Ende alles von dir Erschaffenen",

murmelt Walther.

„Was sprichst Du da?"

„Ach, ein Preislied, mit dem der ägyptische Pharao Amenophis IV., der sich selbst Echnaton nennt, die Sonne begrüßt."

Walther führt seine flache Hand einmal im Halbkreis über ihr Gesichtsfeld und verdunkelt das grelle Weiß der Sonne zu einem milden Goldglanz. Sie stehen in einem Raum unabsehbarer Höhe. Walther erklärt: „Wir befinden uns im Sonnenzentrum, in der Sphäre der Verschmelzung. Sie hat einen Radius von 140.000 km." Vor ihnen schweben nebeneinander eine rote und eine gleichgroße schwarze Kugel. Auf der roten steht „Proton" und auf der schwarzen „Neutron" . Daneben erscheinen größere Kerne. Der erste trägt den Namen „Deuterium" und besteht aus einer roten und einer schwarzen Kugel, der zweite, „Helium-3", wird aus zwei roten und einer schwarzen Kugel gebildet, und im dritten, „Helium-4", klumpen zwei rote und zwei schwarze Kugeln zusammen. Dazwischen schreiben rote Pünktchen

„Positron", buchstabieren zuckende Blitze „Photon", und huschen Schemen, auf denen „Neutrino" glimmt.

„Die Teilnehmer am Hochzeitstanz der Teilchen bei 15 Mio. Grad und der 150-fachen Dichte des Wassers haben sich Dir vorgestellt", sagt Walther zu Richard und wischt das Bild beiseite. „Jetzt beginnt der Paarungsreigen, der das Sonnenlicht gebiert."

Protonen prallen aufeinander. Gelegentlich verschmelzen zwei zu Deuterium. Dabei entfliehen ein Positron und ein Neutrino. Mit einem weiteren Proton verbindet sich das Deuterium zu Helium-3. Das passiert viele Male. Jeder Helium-3-Kern sucht sich seinesgleichen als Partner, und in den allermeisten Fällen entstehen aus den beiden ein Helium-4-Kern und zwei Protonen. Bei jeder Teilchenhochzeit blitzen Photonen auf. Und obwohl auch sie, wie die Neutrinos, mit Lichtgeschwindigkeit das Weite suchen wollen, werden sie gleich wieder im Teilchengewimmel verschluckt, dann erneut ausgespuckt und diffundieren nur ganz allmählich von dannen.

„So geht das schon seit viereinhalb Milliarden Jahren und dürfte noch ein- bis zweimal so lange weitergehen. Was Du siehst, ist der Grundprozess der Verschmelzung von 600 Mio. t Wasserstoff zu Helium und die Umwandlung der Massendifferenz von 4,2 Mio. t in Energie, und das pro Sekunde", erläutert Walther und ergänzt: „Übrigens, die Photonen, also die Energiequanten des Lichts, brauchen etwa eine Million Jahre, bis sie zur Sonnenoberfläche diffundiert sind und dann abgestrahlt werden. Und weniger als ein Milliardstel der solaren Strahlungsleistung trifft die Erde." Dann leitet er die Weiterreise ein: „Auf, Richard, begleiten wir die Sonnenenergie auf ihrem Weg in den Weltraum."

Sie gleiten empor. Der Goldglanz erlischt. Als Walther verkündet: „Entfernung vom Zentrum 500.000 km", erblickt Richard gewaltige, schlingernde Röhren, in denen glühende Gasmassen emporströmen. Beim Durchbrechen der Sonnenoberfläche informiert Walther: „Jetzt sind wir 696.000 km vom Sonnenzentrum entfernt, und die Temperatur beträgt 5777 K." Fast feierlich fährt er fort: „Und von nun an widmen wir uns dem Daseinszweck der Sonne: dem Leben."

Schon dreht sich vor ihnen eine herrlich leuchtende Kugel aus blauen Meeren und grün-braunen Kontinenten unter weißen Wolken.

„Deine Heimat", sagt Walther.

Aus dem Blau des Pazifik tauchen die eurasische Landmasse und Australien auf. Europa und Afrika kommen in Sicht, weichen dem Atlantik und den beiden Amerikas. Und wieder der Pazifik. Weiß leuchtet die Antarktis.

„Wie schön sie ist", flüstert Richard.

„Genug gestaunt", beendet Walther seine Andacht. „Lass uns weiterspringen, in der Zeit wieder zurück, und zwar um vier Milliarden Jahre."

1.4 Mit der Photosynthese durch die Evolution

Überrascht blickt Richard auf die gleichförmige, hellgraue Wolkendecke, die die Erde umhüllt. Walther erklärt: „Die junge Sonne strahlt noch nicht so intensiv. Doch sie heizt der Erde gewaltig ein. In einer Atmosphäre aus Kohlendioxid,

Methan, Stickstoff und Wasserdampf sorgt der Treibhauseffekt für einen mächtigen Hitzestau. In dem passiert nichts Sehenswertes."

„Und wann wird es interessant?"

„Während der nächsten dreieinhalb Milliarden Jahren entstehen Bakterien und Algen und verwandeln Kohlendioxid in Sauerstoff. Das ist die Grundlage für alles Weitere und hängt mit Deiner Frage zusammen. Aber es ist nicht besonders spektakulär. Richtig spannend wird es erst im Kambrium."

„Dann lass uns dahin reisen – aber zeig mir auch den Wandel, den die Algen bewirken."

Im nächsten Augenblick erstrahlt die Erde wieder als blauer Planet. Das Meer umspült fünf Kontinente, die ganz anders aussehen als die Kontinente in Richards Heimatzeit.

„Ins Meer", ruft Walther und, kaum gesagt, blickt Richard von unten gegen die Oberfläche des Wassers. Die Sonnenscheibe schwankt im Rhythmus der Wellen. Dicht unter der Oberfläche schwimmen winzige blaue und grüne Gebilde.

„Algen", hört Richard. „Und jetzt beobachte genau, was sich in ihnen tut!"

Das Sonnenlicht zerfällt in einen Schwarm von Photonen. Sie leuchten in allen Farben des Regenbogens, am intensivsten in Grün. Treffen sie auf Algen, werden sie verschluckt, allerdings nicht vollständig. Die grünen Photonen prallen von den Grünalgen ab.

Dann wölbt sich eine Algenzelle um Richard. In ihr pulsiert ein grünes Gebilde, über dessen Oberfläche die Blitze einschlagender Photonen tanzen. Das Gebilde pumpt

Ströme gelber Pünktchen über Ketten, aus deren wässriger Umhüllung kleine rote und große blaue Kugeln quellen. Auch braune Pakete lösen sich ab, auf denen ATP steht; sie wandern in einen Dunkelraum. In diesen strömt ein graues Gas, das mehrfach die Farbe wechselt, bis es die braunen Pakete erreicht. In dem Bereich des Zusammentreffens brodelt und wogt es, und aus ihm heraus schieben sich weiße Bänder bis zum Zellrand. Dort schnüren sich neue Zellen ab. Durch blaue Kugeln, die aus der Zellwand perlen, gleiten sie von dannen.

„Walther", ruft Richard, „sehe ich hier ein Kraftwerk?"

„Nein, eine Zuckerfabrik."

„Geht es nicht etwas genauer?"

„Dann musst Du auch genauer fragen."

„Also, was ist das grüne Gebilde, auf dem es so blitzt?"

„Das Chlorophyll-Zentrum der Zelle. Es verarbeitet das Licht."

„Die wandernden gelben Pünktchen . . . ?"

„. . . sind Elektronen, die über Molekülketten fließen."

„Was für Molekülketten?"

„Du fragst wie ein Kind. Wenn ich Dir's erkläre, hast Du's doch gleich wieder vergessen."

Richard überlegt, ob er sich beleidigt fühlen soll. „Ach was", sagt er sich, „wie ein Kind sehen und fragen, ist ja das große Glück."

„Walther, darf ich doch noch weiterfragen?"

„Natürlich, drum zeige ich Dir ja den Ursprung von allem, was die Sonne auf Erden wachsen lässt. Nur sind die Einzelheiten so kompliziert, dass Du sie Dir kaum wirst merken wollen. Aber die Teile des einfachen Modells, das Du siehst, sind wichtig. Sie musst Du verstehen, damit unsere Reise sich lohnt. Also, frag weiter."

„Die roten Kugeln sind Wasserstoffkerne, wie in der Sonne?"

„Richtig."

„Die großen blauen Kugeln, die in der Zelle entstehen und aus der Zelle austreten, lösen sich bei genauem Hingucken jeweils auf in einen Kern aus acht roten und acht schwarzen Kugeln, um den gelbe Pünktchen sausen . . ."

„Das sind Sauerstoffatome. So haben Sonnenlicht und Algen den lebenswichtigsten Teil der Erdatmosphäre geschaffen, die Du atmest."

„Im Zellinneren scheinen die braunen Pakete ja mächtig zu schaffen. Was bedeutet das ATP auf ihnen?"

„Adenosintriphosphat. Das ist der universelle Energieträger jeder Zelle. Erzeugt vom Sonnenlicht, kommt er immer dann zum Einsatz, wenn Arbeit geleistet werden muss. Er setzt die für die Arbeitsleistung benötigte Energie frei." „So wie für die Umwandlung des grauen Gases in die weißen Streifen?"

„Genau. Das ist die Umwandlung von Kohlendioxid in Traubenzucker."

„Und letztendlich entstehen aus dem Zucker neue Zellen?"

„Ja."

„Kannst Du das alles einfach zusammenfassen?"

„Gewiss: Sonnenlicht verwandelt durch das Chlorophyll der Zelle sechs Wassermoleküle und sechs Kohlendioxidmoleküle in sechs Sauerstoffmoleküle und ein Molekül Traubenzucker. Daraus entstehen neue Zellen."

„Und woher kommen die Algen?"

„Das ist wieder eine Frage, die ich nicht beantworten kann."

„Aber was Du mir gezeigt hast, ist die Grundlage allen Lebens?"

„Sieh' selbst."

Plötzlich wimmelt das Wasser von vielgestaltigen Kreaturen. Einige erinnern an Quallen und Schnecken. Doch viele sind höchst fremdartige, bizarre Wesen mit Stacheln, Borsten und seltsamen Fortsätzen der Außenskelette. „Wa ... was ist das?", stottert Richard erschrocken. „Das", lacht Walter, „ist die Kambrische Explosion" .

„Explosion von was?"

„Der Tierarten und der Baupläne vieler Tierstämme, die seitdem die Erde bevölkern."

Ein Schwarm vielbeiniger, ovaler, flacher Lebewesen in schimmernden Panzern gleitet durchs flache Wasser. Über glitzernden Facettenaugen tasten feine Antennen die Umgebung ab. Parallel zur Längsachse eines jeden Tieres wird sein Panzer durch zwei Furchen in einen Mittelteil und zwei Seitenlappen unterteilt. Sie sehen ein bisschen wie Küchenschaben aus. „Trilobiten", sagt Walther.

Der Schwarm steuert in ein Algenfeld. Die Algen verschwinden in den Mundöffnungen der zentimeterlangen Tierchen. Bald ist das Algenfeld leergefressen, und der Schwarm zieht weiter.

Ein Trilobit bleibt zurück und häutet sich. Seine alte Schale sinkt zu Boden und gibt den Blick ins Innere des Tieres frei. Walther drückt Richards Hand: „Pass auf! Dann hast Du eigentlich schon alles Wesentliche gesehen."

Richard sieht den Trilobiten riesig vergrößert. In dessen Leibesinnerem verschmelzen die Bruchstücke der zuvor verschlungenen Algen mit blauen Kugeln, die aus dem Außenwasser eindringen. Aus der Verschmelzungszone quellen braune ATP-Pakete. Ein wellenförmiges Flimmern steigt nach oben. Die braunen Pakete zersetzen sich, die vielen sichelförmigen Beinchen geraten in heftige Bewegung und treiben den Trilobiten seinem Schwarm hinterher, während ihm graue Teilchen und Wassertropfen entweichen.

Richard wendet sich an Walther: „Walther, bitte, ich habe gesehen, aber nicht verstanden."

Walther, leise zu sich: „Sehen und doch nicht verstehen ... Die Lebenden haben es schwer", und laut zu Richard: „Du hast den zweiten Teil eines jeden Lebensprozesses beobachtet: die Atmung. Das ist die Umkehrung der Photosynthese: der Zucker in den vom Trilobiten verschlungenen Algen wird mit Sauerstoff verbrannt, um Arbeit zu leisten. Gesehen hast Du die Arbeit der rudernden Beinchen, die den Trilobiten vorwärtsbewegen. Dies Ganze geschieht wieder über die Umwandlung der im Zucker gespeicherten Sonnenenergie in die chemische Energie des Adenosintriphospats, das gewissermaßen als Batterie wirkt. Wie schon bei der Photosynthese werden die ATP-Batterien entladen, wenn Arbeit verrichtet werden muss. Insgesamt wird bei der Verbrennung der Nahrung Kohlendioxid und Wasser freigesetzt. Das wellenförmige Flimmern entsteht durch zusätzliche Abwärme, in die leider immer ein Teil der wertvollen Nahrungsenergie umgewandelt werden muss. Dieselben Prozesse spielen sich in den Räubern ab, denen die Algenfresser als Nahrung dienen."

Richard denkt nach. Dann fasst er zusammen. „Das Sonnenlicht wird durch die Photosynthese als chemische Energie des Zuckers gespeichert. Der ist der Grundstoff aller Nahrung. In der Atmung wird die Nahrung verbrannt, um Arbeit zu gewinnen. Dabei entstehen Kohlendioxid, Wasser und Abwärme."

„Stimmt."

„Und wieso habe ich jetzt alles Wesentliche gesehen?"

Walther seufzt: „Wenn das noch nicht klar ist, müssen wir weiterreisen."

Richard, vergnügt: „So hat die Dummheit auch ihr Gutes. Das Reisen mit Dir macht nämlich Spaß. Wo geht es denn jetzt hin?"

„Ins Karbon und Perm. Rund 300 Mio. Jahre weiter."

„Und dazwischen passiert nichts Interessantes?"

„Doch, jede Menge: Neben den 15.000 verschiedenen Trilobitenarten entwickeln sich auch die Fische und Reptilien. Dann gehen die ersten Pflanzen, Reptilien und Insekten an Land."

„Und warum schauen wir uns das nicht an?"

„Weil es mit Deiner Frage nicht so viel zu tun hat."

Wenige Augenblicke später schwirren Riesenlibellen durch die schwülwarme Luft über einem weiten Torfmoor. Auf den Hängen hochragender Berge rund um das Moor wachsen hohe Schachtelhalm- und Farnwälder.

„Wo die Wälder herkommen, kannst Du mir aber sagen, oder?", fragt Richard vorsichtig.

„Freilich", lacht Walther, „letztendlich aus den Algen. Und eine scheinbare Kleinigkeit, die Du schon in den Algenfressern gesehen hast, kannst Du in anderer Form jetzt in den Bäumen beobachten. Das betrifft auch Deine Frage."

Richard sieht das Wasser aus den Wurzeln eines Baumes durch den Stamm bis in die Äste und Blätter aufsteigen und dort verdunsten. Er schaut lange hin. Schließlich wendet er sich an Walther: „Ich sehe Wasser aufsteigen und verdunsten. Die Pflanzen nehmen durch das Wasser ihre Nährstoffe auf. Aber was hat das mit meiner Frage zu tun?"

„Es betrifft die dunkle Seite jeder Energienutzung: das Entsorgungsproblem. Der Großteil des Wassers wird nämlich nicht für den Nährstofftransport, sondern für die Abfuhr der Wärme gebraucht, die die Lebewesen bei der Energieumwandlung freisetzen. Denk an das Flimmern im Trilobiten – oder daran, dass Du schwitzt, wenn Du rennst oder schwer hebst."

„Und warum muss Abwärme entstehen?"

„Weil die Unordnung zunehmen muss, wann immer Energie umgewandelt wird."

„Das verstehe ich nicht."

„Da gibt es auch nichts zu verstehen. Das ist einfach so."

„Das ist einfach so? Man kann das also nicht weiter begründen?"

„Nein, so ist die Welt nun einmal beschaffen."

„Die Unordnung muss zunehmen – hm. Kannst Du mir das noch etwas an einem Beispiel erklären?"

Walther denkt kurz nach. Dann antwortet er: „Betrachten wir die Pflanzen und Tiere. Im Zucker ist die Sonnenenergie in dem hohen Ordnungszustand der Kohlenstoff-, Wasserstoff- und Sauerstoffatome gespeichert, die das Zuckermolekül bilden. Nun wird im Atmungsprozess die Energie des Zuckers in Arbeit umgewandelt. Die dabei unvermeidliche Produktion von Unordnung besteht zu einem großen Teil in der Produktion von Wärme – Wärme ist ungeordnete Bewegung der Moleküle. Die Unordnung nimmt allerdings auch dadurch zu, dass die Kohlenstoffatome, die einen ganz festen, wohlbestimmten Platz im Gefüge des Zuckers innehaben, nach ihrer Verbrennung zu Kohlendioxid durch die Atmung über die ganze Atmosphäre verteilt werden."

„Was Du da erzählst, widerspricht aber dem, was Du mir bisher gezeigt hast!"

„Wieso?"

„Wir sehen doch, dass die Ordnung auf der Erde zunimmt: von den Algen über die Trilobiten zu den Libellen und Wäldern. Und schließlich gibt es ja auch uns Menschen, und alles was wir gebaut haben."

„Dennoch wächst die Unordnung", beharrt Walther.

„Wo?"

„Im Weltall. Die Sonne, die durch die Photosynthese immer wieder neue Ordnungszustände des Lebens auf der Erde schafft, strahlt den größten Teil der von ihr produzierten Photonen in die Weiten des Alls. Je gleichmäßiger sie sich dort verteilen, desto größer wird die Unordnung – ähnlich wie in einem Kinderzimmer die Unordnung umso größer wird, je gleichmäßiger das Kind seine Spielsachen im Zimmer verteilt. Und die von der Sonne und vom Leben auf der Erde produzierte Wärme wird ebenfalls in den Weltraum abgestrahlt."

„Ach so ist das: In einem Teilsystem entsteht Ordnung, aber dafür muss im Gesamtsystem die Unordnung zunehmen."

„Genau."

„Hat die bei der Energieumwandlung produzierte Unordnung einen Namen?"

„Ja. Entropie."

„Seltsamer Name."

„Nun ja – die meisten Menschen wissen damit auch nichts
anzufangen. Das ist ebenfalls ein Teil des Problems, mit dem
Deine Frage zusammenhängt. Aber jetzt", fährt Walther fort,
„wollen wir weiter sehen und dazu wieder den Zeitraffer
anwerfen."

Diesmal sieht Walther, wie die Zeit vergeht. Er sieht
einzelne Bäume zusammenbrechen und ins sumpfige Wasser rutschen. Sie versinken mit dem Laub der Wälder,
das die Jahreszeiten über sie breiten. Dann wird alles von
jagenden, schwarzen Wolken überschattet, die an den Hängen ihre Wasserlast in gewaltigen Wolkenbrüchen abladen.
Die Erdmassen auf den Bergflanken kommen ins Rutschen und reißen die Wälder mit sich hinab ins Moor. Die
Bäume werden unter den nachrutschenden Erd- und Ge-
steinsschichten begraben. Neue Wälder wachsen auf den
Hängen. Schlammlawinen eines Vulkanausbruchs schlagen
tiefe Schneisen in sie und lagern die mitgerissenen Bäume über den früher hinabgesunkenen Vegetationsschichten
ab. Schließlich erschüttert ein Erdbeben die ganze Region,
Steinlawinen donnern zu Tal und verschütten das Moor.
Öde liegt das Land.

„Dramatisch, aber was hat das mit meiner Frage zu tun?",
wundert sich Richard.

„Schau, was mit der toten Vegetation geschieht."

In einem Querschnitt durch die Schichten unter der
Erdoberfläche sieht Richard, wie die Baum- und Pflanzen-
leichen im Moor nicht verwesen, sondern zu Torf werden.

Nach der Überlagerung durch die Schichtgesteine verdichtet sich der Torf zu Braunkohle. Diese sinkt tiefer, und unter wachsendem Druck und steigender Temperatur wird daraus Steinkohle.

Richard versteht, was Walther ihm zeigen will: „Sonnenlicht und Photosynthese lassen die Pflanzen wachsen, aus denen unter Luftabschluss Kohle entsteht."

„Genau. Und bei Erdöl und Erdgas spielen auch noch Kleintiere des Wassers mit."

„Gut. Ich sehe also, wie die Sonnenenergie in unsere Brennstoffe gekommen ist. Aber ich sehe noch nicht die Antwort auf meine Frage."

„Wir sind ja auch noch auf dem Weg."

„Und wohin führt der jetzt?", fragt Richard gespannt.

„Fast in Deine Zeit."

„So schnell schon? Vorher gibt es doch noch so Aufregendes wie die Dinosaurier."

„Die magst Du im Museum und Kino bewundern – aber gut, einen kurzen Zwischenaufenthalt, 65 Mio. Jahre vor Deiner Zeit, können wir noch einlegen."

In einem weiten, tropischen Tal weiden friedlich große Herden von Iguanodons. Dazwischen schwanken die hohen Hälse von Brontosauriern. Plötzlich erschüttert ein gewaltiges Beben die Erde. In Panik, alles mit sich reißend oder unter sich zertrampelnd, rasen die Iguanodons durch das Tal, bis der Gebirgszug am Ende des Tales sie aufhält.

Staubwolken verdunkeln die Sonne. Nur schwach noch erreichen ihre Strahlen die Erde. Die üppige Vegetation verkümmert. Die Dinosaurier sterben aus.

„Du verstehst, was Du siehst?", fragt Walther.

„Ich glaube schon," antwortet Richard. „Das war doch wohl der Einschlag des Meteoriten, bei dem 50 % aller Arten ausstarben, wobei Vulkanismus noch mitgeholfen hatte. Der aufgewirbelte Staub in der Atmosphäre blockierte das Sonnenlicht. Und das Leben schwindet, wenn seine Energiequelle versiegt."

„Und wie es sich entfaltet, wenn die Quelle richtig gefasst wird, sehen wir jetzt", beschließt Walther.

1.5 Von der Zähmung des Feuers bis zur neolithischen Revolution

Walther hat mit Richard wieder einen großen Zeitsprung in der Evolution vollzogen. Sie beobachten ein Waldgebiet. In dessen Zentrum hockt in einer Höhle eine Horde fremdartiger Menschen. Draußen prasselt der Regen auf das Blätterdach der sturmgepeitschten Bäume. Ein greller Blitz wirft bleiches Licht auf ängstliche Gesichter. Beim nachfolgenden Donnerschlag drängen sich alle eng zusammen. Die Kleinen lassen Nüsse und Beeren fallen und klammern sich an ihre Mütter. Nur der Anführer sitzt groß und gelassen neben seinem Speer in einer Ecke und reißt mit kräftigen Zähnen rohes Fleisch von den Rippenknochen eines Mammuts. Seine wachen Augen wandern zwischen der Horde und dem Höhleneingang hin und her.

Die Blitze zucken seltener, und der Donner wird schwächer. Schließlich hört der Regen auf, und der Anführer tritt vor die Höhle. Tief zieht er die Luft durch die Nase ein. Da ist er wieder, der Geruch, der immer dann in der Luft liegt, wenn nach einem Gewitter das prasselnde, heiße Helle durch den Wald springt.

Walther stößt Richard an: „Die Menschen verstehen noch nicht, was in einem Waldbrand passiert. Für sie ist alles nur unheimlich und gefährlich. Doch das ändert sich jetzt. Jetzt wirst Du Zeuge von etwas Großem."

Der Anführer bückt sich und tastet den Boden gründlich ab. Dann richtet er sich beruhigt auf. Der Boden ist so nass, dass das Helle nicht bis zur Höhle springen kann. Aber er muss wieder zu ihm gehen.

Er ergreift seinen Speer, befiehlt der Horde mit kehligen Lauten, in der Höhle zu bleiben, und folgt dem Geruch, den der Wind ihm zuträgt. Der Geruch wird stärker, und dann sieht er auch den Rauch, der den Geruch trägt. Er weiß: Jetzt kann das Helle nicht mehr weit sein. Er tritt aus dem dichten Wald auf die spärlich mit Gras bewachsene, sandige Uferböschung des Flusses unter der prallen Morgensonne und erstarrt in Schrecken und Staunen – wie jedesmal, wenn er dem Hellen gegenübertritt.

Jenseits des Flusses lodert der Wald in hellen Flammen. Funken stieben hoch in die Luft und werden vom Wind bis zum diesseitigen Ufer getragen. Wenn sie in ein Grasbüschel fallen, glimmen sie auf, dann verzehren kleine Flämmchen das Gras und erlöschen. Gebannt beobachtet der Anführer jedes Glimmen, Aufflammen und Erlöschen. Schließlich bricht er sich am Waldrand einen langen Stock und nähert sich damit vorsichtig einem brennenden Grasbüschel. Leicht zittert seine Hand, als er den Stock in die Flammen schiebt – bereit, sofort ohne Stock zurückzuweichen, falls das Helle ihn anspringen will. Aber die kleinen Flammen wachsen nur ein wenig um den Stock herum und brennen ansonsten ruhig weiter. Vorsichtig hebt der Anführer den Stock aus dem schon fast verbrannten Grasbüschel – und um die Spitze des Stocks tanzt das Helle.

Ein nie erlebtes Gefühl der Macht durchströmt ihn. „Ich habe das Helle gefangen", ruft er. Er geht mit dem brennenden Stock zu einem Busch und hält ihn hinein. Das Helle springt in den Busch. Die trockenen Äste lodern hell auf. „Ich kann das Helle auch vermehren", jubelt er. Dann schleppt er viele trockene Äste vom Waldrand auf die sandige Böschung, entzündet einen von ihnen an dem brennenden Busch und legt ihn zu den anderen. Andächtig beobachtet er die Flammen, die aus dem Holzhaufen prasseln. Er nähert sich ihnen, bis die Hitze unerträglich wird, weicht wieder zurück und denkt nach.

Die Flammen sind erloschen. Schwarz liegen die verbrannten Äste in der grellen Sonne. Er ergreift einen von ihnen und schreit auf. Eine Brandblase bildet sich auf der Handfläche. Heulend rennt er zum Fluss und kühlt seine Hand. Und in den Schmerzen durchblitzt ihn ein neuer Gedanke. Er holt einen dicken Knüppel aus dem Wald und legt ihn über die verbrannten Äste. Wieder springt das Helle empor. Zufrieden lächelt er, der Schmerz spielt keine Rolle mehr. Er nimmt das Fell von seiner Schulter, taucht es lange ins Wasser, legt es dann auf den Boden und fegt Sand hinein. Der Knüppel ist inzwischen auch schwarz geworden und in drei Teile zerbrochen. Er holt sich aus dem Fluss einen flachen Stein und rollt damit einen Brocken des Knüppels auf das sandbedeckte, nasse Fell. Dann bindet er die Fellenden zu einem Beutel zusammen, schiebt seinen Speer unter den Knoten und trägt seine Beute am lang ausgestreckten Arm mit weitausholenden, schnellen Schritten durch den Wald zur Höhle.

Schon lange hat die Horde vor der Höhle Ausschau nach ihm gehalten. Als sie ihn endlich erblicken, springen sie ihm aufgeregt entgegen. Er herrscht sie an. Nachdem alle verstummt sind, senkt er behutsam den Fellbeutel zur Erde, entknotet seine Enden und lässt den schwarzen Brocken aus dem noch nassen, sandigen Fell auf den Felsboden vor der Höhle rollen. Die Horde schnattert und wundert sich. Der Anführer sammelt einige Äste auf, die im Höhleneingang herumliegen, und legt sie auf den schwarzen Brocken. Nichts tut sich. Die Horde wird unruhig. Verwirrt und enttäuscht haut der Anführer seine Faust auf die Äste über dem schwarzen Brocken. Dieser zerfällt, glimmt auf, und dann springt das Helle wieder empor.

Die Frauen und Kinder der Horde stieben kreischend auseinander. Die Jäger, die auf ihren Streifzügen dem Hellen bisweilen nahegekommen waren, weichen nur einige Schritte zurück. Triumphierend blickt sie der Anführer an. Dann gibt er seine Befehle.

Unter dem breiten Vordach des felsigen Höhleneingangs werden große Steinbrocken zu einem Kreisrund gelegt. In den Kreis tragen der Anführer und sein erster Jäger die brennenden Äste, eingeklemmt zwischen flachen Steinen. Dann lagern sie trockenes Holz in sicherem Abstand vom Kreis.

Es wird Nacht. Der Anführer und der erste Jäger wechseln sich ab in der Bewachung des Hellen, während in der Höhle die Horde allmählich zur Ruhe kommt. Wenn das Helle zum Glimmen geworden ist, legen sie einen neuen Ast auf die Glut.

Der Anführer nimmt den letzten Ast wieder aus der Glut, kaum dass das Helle auf ihn übergesprungen ist, und lässt ihn am weit ausgestreckten Arm kreisen. Sein Gesicht leuchtet. Da ertönt wieder das Knurren – wie zwei Nächte zuvor, als alle Männer mit angelegten Speeren zitternd im Höhleneingang standen und in ohnmächtiger Wut mitansehen mussten, wie der Tiger sich die letzte Keule des Mammuts aus dem Baum geholt hatte, in dem sie ihre Beute aufgehängt hatten. Jetzt stellt sich die große Katze wieder am Baum auf und angelt mit der Tatze nach den verbliebenen Rippenstücken im Geäst. Diesmal hält es den Anführer nicht mehr vor der Höhle. Den Speer in der Linken und den brennenden Ast in der Rechten stürmt er brüllend auf die Bestie zu und schleudert ihr das Helle in das weit aufgerissene Maul. Der Tiger heult auf und verschwindet mit einem mächtigen Satz im Dunkel des Waldes.

Wie im Traum hebt der Anführer den brennenden Ast vom Boden auf, geht zurück zum Höhleneingang, und während die Horde herausstürmt und der erste Jäger aufgeregt erzählt, was sich gerade zugetragen hat, erwacht er aus seiner Trance, lässt Ast und Speer in den Kreis des glimmenden Holzes fallen, und mit beiden Fäusten auf der Brust trommelnd erhebt er ein Triumphgeschrei, wie es der Wald noch nie gehört hat.

Schließlich beruhigt er sich und erblickt seinen Speer, dessen Spitze über die Glut ragt und sich schon braun gefärbt hat. Hastig ergreift er ihn, rennt zum Wasserloch und taucht die Spitze hinein. Dann betastet er sie vorsichtig und stellt fest, dass sie hart geworden ist – härter als je zuvor eine Speerspitze in seiner Hand. Er lässt alle Jäger die neue Waffe betasten. Sie holen ihre Speere und halten ihre Spitzen ebenfalls über die Glut. Etliche brennen sofort hell auf, doch andere, die wie der Speer des Anführers erst vor wenigen Tagen aus frischem Eibenholz geschnitzt worden waren, verfärben sich nur und werden nach dem Eintauchen ins Wasser ebenso hart wie die Spitze des ersten Speers. Die Augen der Männer funkeln.

Im Morgengrauen brechen sie auf zur Jagd. Sie stellen eine Waldelefantenherde. Tief dringen die gehärteten Speerspitzen in die Dickhäuter ein, so dass die getroffenen Tiere schon nach kurzer Flucht zusammenbrechen. Die langen und oft vergeblichen Verfolgungsjagden der Vergangenheit bleiben den Jägern diesmal erspart. Groß ist die Beute und der Festschmaus am Abend.

Ein kleines Mädchen steht am Höhleneingang neben dem Kreis um das Helle. Es zerrt an einem zähen Brocken sehnigen, rohen Fleisches. Die Sehne reißt, und aus der zerrenden Hand fliegt der Fleischbrocken in die Glut. Das Kind läuft schreiend zu seiner Mutter und zieht sie zum Höhleneingang. Das Helle springt um das Fleisch herum und verzehrt zischend das heraustropfende Fett. Die Mutter fasst sich ein Herz und den nächsten Ast. Damit schleudert sie das Fleisch aus dem Hellen in die Nähe des Wasserlochs. Da liegt der Brocken – dunkel und unansehnlich. Aber Fleisch ist kostbar, und in den letzten Tagen hatten sie alle Hunger gelitten. Die Mutter setzt sich in sicherem Abstand auf den Boden und streckt manchmal die Hand in Richtung des Brockens aus. Als sie keine Hitze, sondern nur noch angenehme Wärme spürt, ergreift sie ihn vorsichtig. Dann beginnt sie an ihm zu nagen. Die dunkle Hülle schmeckt bitter, aber als sie abgeknabbert ist und das Innere des Fleischbrockens rot-braun, angenehm weich und ganz anders, ja viel besser als rohes Fleisch schmeckend in ihrem Mund verschwindet, weiß sie, dass auch sie eine Entdeckung gemacht hat. Sie geht zum Anführer, reicht ihm den Rest vom Brocken, der kostet, und bald liegen neue Äste und viele Fleischbrocken im Kreis um die Glut. Der Anführer gibt dem Hellen den Namen „Feuer". Die Mutter des Kindes wird von der Horde zur Hüterin des Feuers bestimmt.

Es ist kalt und dunkel geworden. Aus der Höhle dringt warmer, heller Schein. Die Hüterin des Feuers hat in der Höhle zwei Löcher in den Boden gegraben, in denen es flackert. Ihre Tochter und sie sorgen dafür, dass das Feuer immer genügend Nahrung hat. Rauch steigt auf zur Höhlendecke und zieht unter ihr nach draußen. In seiner Bahn hängen gebratene Fleischstücke und getrocknete Fische. Die Horde hat herausgefunden, dass Räuchern ihre kostbarste Nahrung haltbar macht. Und nachdem jetzt selbst Frauen und Kinder die hungrigen Raubtiere mit brennenden Ästen im Höhleneingang abwehren können, haben die Menschen der Horde zum ersten Mal das Gefühl, dass die meisten von ihnen den Winter überleben werden.

„Sei gelobt, mein Herr, für Bruder Feuer,
durch den Du erleuchtest die Nacht.
Sein Sprühen ist kühn, heiter ist er,
schön und gewaltig stark",

fasst Walther zusammen.

„Kommt mir bekannt vor," sagt Richard.

„Das freut mich. Es ist aus dem Sonnengesang des heiligen Franz von Assisi."

Richard kramt in seinem Gedächtnis: „Richtig, mir fällt auch was ein, aus Schillers *Glocke*, mussten wir in der Schule auswendig lernen:

Wohltätig ist des Feuers Macht,
wenn sie der Mensch bezähmt, bewacht,
und was er bildet, was er schafft,
das dankt er dieser Himmelskraft."

„Ja, Heilige und Dichter wissen Bescheid. Du jetzt auch?"

„Ich beginne zu ahnen, worauf Du hinauswillst. Aber die Zähmung des Feuers ist ja noch nicht die ganze Geschichte. Was kommt als Nächstes?"

„Die neolithische Revolution."

„Welche Revolution?"

„Die der menschlichen Lebensgrundlagen – etwa zehn- bis zwölftausend Jahre vor Deiner Zeit."

„Und was passiert davor?"

„Vorher schwankt das Klima ziemlich heftig. Mal ist es warm und trocken, mal ist es kalt und nass oder kalt und trocken oder warm und nass – und das in kurzen Zeitabständen von bisweilen nur wenigen Dekaden. Im Übrigen ist es meistens kälter als in Deiner Zeit, und Eis bedeckt oft große Teile der Erde. Das geht so etwa hunderttausend Jahre lang, während derer die Menschen zwar ihre Steinwerkzeuge und die Feuerbeherrschung verbessern, aber im Wesentlichen damit beschäftigt sind, als Jäger und Sammler zu überleben. Doch dann steigt die mittlere Temperatur auf der Nordhalbkugel der Erde um vier bis fünf Grad, und zugleich stabilisiert sich das Klima."

„Und die Folgen?"

„Der Beginn der Zivilisation. Schau Dir's an."

Tief unter unseren Reisenden leuchtet das Land zwischen den beiden großen Strömen. „Jetzt beobachten wir den Anfang von Ackerbau und Viehzucht – der planmäßigen Ernte der Sonnenenergie", sagt Walther.

Schnell wächst ihnen die Erde entgegen. Das Quellgebirge der Ströme im Norden und ihr Mündungsgebiet im südlichen Golf weichen hinter den Horizont. Dann bleibt nur noch der westliche Strom im Gesichtsfeld, und sie erblicken die schilfgedeckte Hütte an einer Biegung des Flusses.

Eine Frau kauert auf dem festgestampften Boden vor der Hütte. Mit einem Dreschholz bearbeitet sie die Fruchtstände von Grashalmen, die sie aus dem Halmhaufen neben der Feuersteinsichel zieht. Sorgfältig klaubt sie die besonders großen Grassamen aus dem Dreschgut und legt sie in einen Fellbeutel.

Golden wogt das Grasmeer östlich von Strom und Hütte im Schein der sinkenden Sonne. Ein Mann taucht auf, Bogen über der Schulter, Speer in der Hand. „Eva", ruft er und schwenkt ein Kaninchen. Sie hebt den Kopf, lächelt ihn an und wendet sich wieder ihrer Arbeit zu.

Der Mann tritt neben sie und schaut ihr zu. „Und Du glaubst wirklich, dass uns das weiterbringt?", fragt er nach einer Weile. Die Frau lässt die Hände sinken, steht auf, legt ihre Arme um seinen Hals und antwortet: „Ja."

„Wir müssen nochmal darüber reden", sagt er, „aber erst wollen wir essen".

Er häutet das Kaninchen, schlägt Feuer mit den Steinen, aus denen auch sein Messer und die Sichel bestehen, und während er das Fleisch brät, röstet sie die kleineren der ausgedroschenen Körner. Dann essen sie schweigend. Nach dem Mahl nimmt sie seine Hand und führt ihn in den Garten zwischen Hütte und Fluss: „Sieh doch: Die Fruchtstände der Gräser hier sind doch viel dicker als auf den Wiesen. Ich hatte ja schon immer die größeren Körner der Wiesengräser als Vorrat eingelagert. Aber Du weißt ja auch noch, wie vor vielen Monden die Ratten den Vorrat so verdreckt hatten, dass wir alles auf den Abfallhaufen gekippt hatten und wie dann daraus viele Gräser mit besonders dicken Samen wuchsen. Warum soll ich nicht immer wieder die besten Samen herauslesen und neu aussäen, bis direkt am Haus so viel reiche Nahrung wächst, dass wir nicht mehr lange durch die Wiesen streifen müssen, um genügend Gräser mit kleinen Samen einzusammeln?"

„Aber das kann noch lange dauern, und bis dahin beschäftigst Du Dich mehr mit diesen Samen als mit mir. Und neuerdings soll ich ja sogar den Boden für die Samen aufgraben. Was für eine Arbeit für einen Jäger!"

„Adam, wir sind nicht mehr im Paradies!"

„Wem sagst Du das! Welchen Reichtum an Wild und Früchten hatte unser Stamm in den Wäldern und Wiesen im Süden zwischen den Strömen. Aber die Frauen in Deiner Familie, und Du am allermeisten, mussten ständig warnen: dass sich die Dinge ändern würden und wir nicht mehr so sorglos leben dürften wie bisher. Bis man schließlich Dich und unsere ganze Sippe vertrieben hat."

„Und – haben Großmutter, Mutter und ich nicht Recht behalten? Es war doch die Aufgabe meiner Familie, für den Stamm aus der Natur die Zukunft zu erkennen. Ist es im Mündungsgebiet der zwei Ströme nicht wärmer geworden?

Ist das Meer nicht ins Land vorgedrungen und hat es verdorben? Ist der Regen nicht immer häufiger ausgeblieben? Sind nicht Wild und Früchte so knapp geworden, dass nicht mehr alle davon leben konnten? Deshalb hat man uns vertrieben – um weniger Esser zu haben. Die lästigen Warnungen waren doch nur ein Vorwand. Inzwischen existiert der Stamm nicht mehr. Wir leben noch, weil wir uns hier rechtzeitig auf das härtere Leben umgestellt haben. Das weißt Du doch alles genau so gut wie ich. War denn Dein Tag so schwer, dass Du so herumjammern musst?"

Er lächelt: „Wenn Deine Augen so blitzen, bist Du wunderschön. Und Du hast Recht. Ja, der Tag war heute schlecht. Lang bin ich hinter einem angeschossenen Wildschwein hergerannt, aber es ist mir entkommen. Nur zu dem Kaninchen hat es gereicht. Das verdirbt die Laune, auch wenn ich mir's nicht anmerken lassen wollte." Und nach einigem Nachdenken: „Vielleicht ist Dein Garten ja auch wirklich gut für Notzeiten, wenn das Gras verdorrt und das Wild sich verzieht. Wir können ihn aus dem Fluss bewässern, der ist noch nie ausgetrocknet. So entkommen wir mit Deinen Körnern dem Hunger." Liebevoll schaut er sie an: „Eva, es ist gut, mit Dir zu leben. Komm, lass uns kuscheln." Eng umschlungen gehen sie in die Hütte. Die Nacht fällt über das Land.

Walther bemerkt: „Vernunft setzt sich eben am leichtesten durch, wenn ihr Schönheit und Liebe zu Hilfe kommen. Und die Folgen von Konkurrenz und Neid beobachten wir als Nächstes."

Es ist wieder hell geworden. Aber die Landschaft an der Biegung des Flusses hat sich sehr verändert. Zahlreiche Hütten säumen das Ufer. Durch gelbe Getreidefelder gehen Menschen mit Sicheln und bringen die Ernte ein. Auf grünen Weiden grasen Schafe und Ziegen, bewacht von Jungen und Mädchen. In einem Pferch versuchen vier kräftige Männer, ein zottiges Rind zu bändigen.

„Jetzt fehlt nur noch Beethovens Pastorale", meint Richard.

„Die Idylle trügt", warnt Walther. „Nachdem nicht nur Pflanzen gezüchtet, sondern von Adams und Evas Nachkommen auch Tiere domestiziert worden sind, ist die Konkurrenz zwischen Ackerbauern und Viehzüchtern um den pflanzentragenden Boden zu groß geworden. Sieh nur!"

Eine Ziegenherde wandert in ein Getreidefeld. Mit ihren langen Zungen reißen die Ziegen die Gräser zwischen den Getreidehalmen und mit ihnen das Getreide samt Wurzeln aus dem Boden. Was sie nicht ausreißen, trampeln sie nieder. Die Hirten beobachten sie untätig.

Zornesröte im Gesicht kommt ein Mann angerannt: „Schon wieder zerstören Eure Viecher unsere Ernte. Warum unternehmt Ihr nichts?"

Die Hirten wenden sich achselzuckend ab.

„So geht das nicht weiter!", schreit der Mann. „Jetzt muss der Herr urteilen."

Am Nachmittag versammeln sich die Dorfbewohner unter der Terebinthe. Auf einem aus dem Baumstamm ragenden Sitz thront ein Mann. Sein weißer Bart fließt aus einem faltenreichen Gesicht, dessen große, dunkle Augen auf der Menge vor ihm ruhen. Ungebeugt vom Alter strahlt seine Haltung eine Würde aus, die die Menschen in einem Halbkreis auf Abstand hält. In dem freien Raum vor ihm stehen zwei Männer – ein stämmiger und ein schlanker. Der Schlanke trägt ein Lamm, der Stämmige ein Garbenbündel.

„Ältester und Herr, hier ist der Beitrag meiner Sippe zum Wohl des Stammes", sagt der Stämmige und legt das Garbenbündel dem Thronenden zu Füßen. „Entscheide über meine Klage!"

„Ältester und Herr, hier ist der Beitrag meiner Sippe zum Wohl des Stammes", sagt der Schlanke und legt das gebundene Lamm dem Thronenden zu Füßen. „Entscheide über meine Verteidigung!"

„Klage und Verteidigung habe ich bedacht", spricht der Älteste. „Hört mein Urteil: Getreide ist gute Nahrung. Fleisch und Milch sind bessere Nahrung. Darum wird die Klage von Kain auf Bestrafung Abels abgewiesen. Doch Abel wird angewiesen, seinen Hirten zu befehlen, ihre Herden nicht mehr in Getreidefelder eindringen zu lassen. Jedes Tier, das mehr als sieben Schritte in ein Feld eindringt, muss Abels Sippe an Kains Sippe als Entschädigung abtreten." Dann nickt er dem Stämmigen zu: „Kain, nimm Deine Garben und geh." Den Schlanken bittet er: „Abel, bring Dein Lamm in mein Haus."

Während die Menge beifällig murmelt, steht Kain mit gesenktem Kopf da. Abel tritt auf ihn zu und legt ihm den Arm um die Schulter: „Bruder, mit diesem Spruch können wir doch leben."

Kain, bemüht, den Mißmut aus seinem Gesicht zu vertreiben: „Warten wir's ab. Auf jeden Fall sollten wir morgen früh die Grenzen der Felder und Weiden gemeinsam abschreiten und nochmal genau festlegen. Treffpunkt hier. Einverstanden?"

Abel stimmt zu und folgt dem Ältesten. Kain geht zu seinen Leuten. Die Menge verläuft sich in der Dämmerung.

Die Sonne geht auf. Kain und Abel beginnen ihren Grenzgang. Die Verhältnisse sind klar, solange Bewässerungsgräben die Viehweiden von den Getreidefeldern trennen. Doch da, wo sie fern vom Fluss fehlen, wird es schwierig. Bei einer größeren Einbuchtung einer Weide in ein Feld kommt es zum Streit.

„Diese Einbuchtung haben Eure Tiere in unser Feld gefressen und die Saat zertrampelt, so dass das Gras eingewandert ist", behauptet Kain. „Die Grenze muss geradlinig vom Beginn zum Ende der Einbuchtung verlaufen."

„Nichts da", widerspricht Abel, „was jetzt Weide ist, bleibt Weide, und was jetzt Feld ist, bleibt Feld!"

Der Streit wird immer heftiger. Schließlich schreit Kain in höchster Wut: „Mit Deinen Viechern hast Du mir schon die Gunst des Herrn gestohlen. Mein Land lasse ich mir nicht auch noch stehlen!" Mit seinen breiten Händen fährt er Abel an die Kehle und würgt ihn, bis dieser erschlafft und zu Boden sinkt.

Kain kommt zu sich und schlägt die Hände vors Gesicht. Dann schleppt er den leblosen Körper tief in das Feld, legt ihn in eine Mulde und bedeckt ihn mit Halmen. Auf Umwegen kehrt er ins Dorf am Fluss zurück.

Am Abend ruft ihn der Älteste: „Abels Leute waren bei mir. Abel ist nicht vom Grenzgang mit Dir zurückgekehrt. Kain, wo ist Dein Bruder Abel?"

„Bin ich denn der Hüter meines Bruders?", entgegnet Kain trotzig.

Der Älteste schaut ihn schweigend und durchdringend an, bis Kain zusammenbricht und alles gesteht.

Am nächsten Morgen spricht der Älteste wieder Recht unter der Terebinthe: „Kain hat Abel getötet. Kain wird verbannt. Er ziehe fort aus unserer Mitte. Nur einen Beutel mit Getreidekörnern mag er mitnehmen. Nie darf er zu uns zurückkehren. Das ist seine Strafe. Dass keiner es wage, ihn zu erschlagen!"

Noch am selben Tag bricht Kain auf, setzt in einem Einbaum über den Strom und folgt der Sonne auf ihrem Weg nach Westen.

„Das also ist die Geschichte aus Genesis", sagt Richard.

„Ja", bestätigt Walther. „Die Erinnerung an Wendepunkte ihrer Geschichte hat sich tief ins Gedächtnis der Menschheit eingegraben."

1.6 Von Fronarbeit zu Energiesklaven

„Energieumwandlung treibt die Evolution des Kosmos an, Photosynthese ist die Grundlage des Lebens, Feuerbeherrschung, Ackerbau und Viehzucht machen den Menschen mächtig – das hast Du mir gezeigt, und daraus soll ich die Anwort auf meine Frage finden?", fragt Richard.

Walthers „In der Tat" lässt Richard weiter grübeln: „Ich sehe immer noch nicht klar. Kannst Du mir noch mehr zeigen?"

„Nun ja, wir haben zwar nicht alle Zeit der Welt – aber doch noch so viel bis in Deine Zeit. Besuchen wir Hammurabi. Er ist nur noch rund 3800 Jahre von Deiner Zeit entfernt."

Sie stehen vor der Zikkurat in Babylon. Hoch ragt der Stufenturm in den Himmel. Auf dem weiten Platz, der ihn umgibt, wimmelt es von Menschen. Auf der Nordseite des Platzes bieten Bauern Feldfrüchte, Obst, Fleisch, Eier und lebendes Geflügel zum Kauf an. Auf der Südseite drehen sich Töpferscheiben, breiten Weber feine Tuche und Teppiche in ihren Auslagen aus, nähen Schneider Alltags- und Festtagsgewänder, verkaufen Gerber und Sandalenmacher ihre Erzeugnisse und hämmern Schmiede gegossene Bronzerohlinge zu Waffen, Werkzeugen und Schmuck. Händler beladen Esel mit Waren. Nicht weit vom Euphratufer werden Lehmziegel gebrannt und Holzbalken mit Bronzeäxten behauen.

Sie besteigen die erste Stufenplattform der Zikkurat. Dort steht eine Stele. Ihre Vorderseite krönt das Bild eines Herrschers vor einem Gott. Ansonsten ist sie von Keilschrift bedeckt.

„Hammurabi vor dem Sonnengott Schamsch", bemerkt Walther. „Und was sagt die Keilschrift?", fragt Richard. Walther erklärt, dass es sich hauptsächlich um die Gesetze auf der berühmten Stele des Königs Hammurabi handelt, die schließlich im Louvre zu Paris gelandet ist. Was Hammurabi mit der Stele bezweckt, liest Walther vor: „dass ich Gerechtigkeit im Lande sichtbar werden lasse, den Ruchlosen und Bösewicht vernichte, und, auf dass der Starke den Schwachen nicht entrechte, das Land erhelle. . . . Um Waise und Witwe ihr Recht zu schaffen . . . schrieb ich meine so köstlichen Worte auf diesen Denkstein." [4]

„Die Zähmung der Macht durch das Recht. So sichert Hammurabi sich seinen Platz in der Geschichte", ergänzt Walther.

Richard: „Welcher Macht?"

Walther: „Der Großgrundbesitzer."

Nach kurzem Zögern bittet Richard: „Wenn das wieder mit meiner Frage zu tun hat, erkläre es mir doch bitte ausführlicher."

Walther schmunzelt: „Darauf habe ich schon gewartet" und weist in die Runde über den unter ihnen liegenden Platz.

„Sieh die Bauern auf der Nordseite und die Handwerker auf der Südseite. Auf ihnen ruht die Herrschaft des Königs. Sie erhalten den Staat. Darum schützt sie jetzt Hammurabi mit den Gesetzen auf seiner Stele. Seit Kains und Abels Zeiten haben die Bauern Ackerbau und Viehzucht ständig weiter verbessert und mehr Nahrung produziert als sie selbst benötigen. Das hat einen Teil der Bevölkerung für andere Tätigkeiten freigestellt. Töpfer drehen und brennen Keramikgefäße, in denen Getreide und Öl sicher gelagert werden kann. In Gießereien werden Metalle geschmolzen, legiert, gegossen und von Schmieden zu Werkzeugen, Waffen und Schmuck verarbeitet. Die Gefäße und Werkzeuge wiederum steigern die bäuerliche Produktivität. Gerber, Weber, Schneider und Schuster produzieren Kleidung. Händler verteilen die Waren übers Land. Und schließlich sehen wir auf der Stele das Werk von Menschen einer neuen Gesellschaftsschicht, die es noch nicht lange gibt: Künstler, Schriftkundige, Verwaltungsbeamte, Priester und Könige, Letztere im Bewusstsein göttlichen Auftrags. Diese Arbeitsteilung ist die Grundlage der ersten Hochkulturen in dem Gebiet, das sich vom Zweistromland des Euphrat und Tigris bis zum Nil erstreckt. Dem Boden dieses Fruchtbaren Halbmonds strahlt die Sonne Energie in Fülle zu, und große

Ströme liefern das Wasser, dessen Verdunstung die bei der Photosynthese produzierte Entropie entsorgt. So wächst aus diesem Boden Nahrung im Überfluss, wenn die Bauern ihn richtig bestellen."

„Dann müssten aber die Bauern die Wichtigsten und Mächtigsten im Lande sein", meint Richard, „doch danach sehen sie nicht aus."

Darauf Walther: „Sie und die Handwerker sind schon die Wichtigsten, doch die Mächtigsten sind die Schlauen und Gewalttätigen, die einen Großteil des Bodens in ihren Besitz gebracht haben und für die viele Bauern als Halbfreie oder Unfreie arbeiten. Hammurabi hat erkannt, dass die einfachen Leute und ihre Familien, die den Reichtum des Landes erarbeiten, vor zu großer Ungerechtigkeit und Ausbeutung geschützt werden müssen, damit der Staat gedeihen kann."

„He", fällt Richard ein, „Du selbst hast Dich ja auch lange nach Landbesitz gesehnt. Jubelst Du doch Kaiser Friedrich II. zu: ‚Ich han min Lehen, al diu werlt, ich han min lehen' und so weiter [5]."

„Lassen wir das", wehrt Walther ab, „die überschwänglichen ‚und so weiter' Folgeverse sind mir inzwischen peinlich. – Aber Du solltest jetzt allmählich die Antwort auf Deine Frage sehen."

„Wie es mit uns im 21. Jahrhundert weitergehen soll? Die Energiegaben erkennen, die Entropieentsorgung verstehen und Gerechtigkeit üben? Meinst Du das?" „Genau! Jetzt hast Du's verstanden", ruft Walther und klopft Richard auf die Schulter.

„Aber", zögert der, „meine Zeit hat doch andere Probleme als Hammurabi – oder, hm, von Energie reden wir ja andauernd, Entropie, na ja, davon hört man manchmal was im

Zusammenhang mit dem Klimawandel, aber verstehen tut's keiner so richtig, doch Gerechtigkeit, ja, das wird zum ganz großen Thema. – Wenn ich jetzt die Begriffe habe, kannst Du sie mit noch mehr Leben füllen?"

„Reiten wir den Zeitpfeil 800 Jahre weiter nach Kanaan", beschließt Walther, und schon steht er mit Richard auf der Stadtmauer von Sichem. In der Stadt drängt sich das Volk. „Gleich gibt Rehabeam die Antwort", rufen die Leute einander zu. Die Menge strömt auf den großen Platz vor dem Altar. Ein junger Mann in rotem Umhang steigt schnell die Altarstufen hinauf. Umgeben von zwölf vornehm gekleideten Altersgenossen gebietet er Ruhe und spricht: „Ihr Söhne Israels, Ihr habt meinem Vater Salomon Fronarbeit geleistet. Ihr habt im Libanon Steine gebrochen und behauen. Herrlich entstanden daraus der Palast des Königs und der Tempel des Herrn. Der Ruhm Salomons erfüllt die Welt. Jetzt, nach meines Vaters Tod, seid Ihr zu mir gekommen und habt gesagt: ‚Rehabeam, verringere die Fronlast, die Dein Vater uns auferlegt hat'. Ich habe mich mit meinen Freunden beraten. Hört meine Anwort: Mein Vater hat Euch ein schweres Joch auferlegt, ich aber will es noch erschweren. Mein Vater hat Euch mit Peitschen geschlagen, ich aber will Euch mit Skorpionen züchtigen." [6]

Wütend kündigt die Menge Rehabeam die Gefolgschaft auf. Das Reich Salomons zerfällt in das Nordreich der 11 Stämme Israels, die Jerobeam zum Gegenkönig wählen, und das Südreich mit der Hauptstadt Jerusalem, in dem der Stamm Juda Rehabeam treu bleibt. In beiden, sich oft bekriegenden Reichen prasst die Oberschicht auf Kosten der Bevölkerung, bis das Nordreich Israel durch die Assyrer und das Südreich Juda durch die Babylonier vernichtet werden. Zuvor geißeln die Propheten Amos und Micha die sozialen und religiösen Zerfallserscheinungen, und 1000 Jahre nach Hammurabi zürnt der Prophet Jesaja: „So spricht der Herr: Was fange ich mit der Menge Eurer Schlachtopfer an? ... Bringt sinnlose Gaben nicht mehr dar ... Eure Wallfahrten und festlichen Tage hasst meine Seele ... Eure Gebete, ich höre sie nicht, denn Eure Hände sind voll der Blutschuld ... Lernt Gutes zu wirken, ... leitet den Unterdrückten, helft den Waisen zum Recht, führet den Rechtsstreit der Witwe." [7]

„Fronarbeit, Sklaverei, Leibeigenschaft – die agrarischen Hochzivilisationen waren auf die Ausbeutung menschlicher Muskelkraft angewiesen, um ihre kulturellen Höchstleistungen zu erbringen und einer schmalen Oberschicht ein Wohlleben ohne schwere körperliche Arbeit zu ermöglichen", erklärt Walther. „Als der Apostel Paulus in seinem Brief an Philemon Fürsprache für den Sklaven Onesimus einlegt, sind ein Viertel der Bevölkerung des römischen Weltreichs Sklaven. Dann erobern die freien germanischen Horden das Imperium Romanum, werden zivilisiert, und 1000 Jahre später leben die meisten ihrer bäuerlichen Nachkommen wiederum in Unfreiheit und Leibeigenschaft – gerade so wie die Nahrungsproduzenten der Antike. Auf, zu meinem Grab. Dort sehen wir die Folgen."

Sie stehen im Lusamgärtlein auf der Nordseite der Würzburger Neumünsterkirche. Geschrei erfüllt die Stadt, dazwischen Kanonendonner. Walther weist auf einen Gedenkstein: „Hier wurde ich begraben. Und jetzt, 300 Jahre später, befinden wir uns mitten im Bauernkrieg des Jahres 1525."

Richard erinnert sich: „Florian Geyer und Götz von Berlichingen führen den ‚Tauberhaufen' und den ‚Odenwaldhaufen' der Bauern in Franken". „Und", ergänzt Walther, „Thomas Müntzer organisiert den Aufstand in Thüringen. Die Bauern fordern sie jetzt ein, die von Martin Luther verkündete Freiheit eines Christenmenschen."

Die Bauernhaufen, die Anfang Mai nach der Flucht des Bischofs Würzburg besetzt hatten, versuchen die Festung Marienberg auf der anderen Mainseite zu stürmen. Der Sturm misslingt. Wenig später zieht ein militärisch straff geführtes Fürstenheer von Süden gen Würzburg und schlägt Anfang Juni in zwei blutigen Schlachten die – von Florian Geyers „Schwarzem Haufen" abgesehen – schlecht organisierten Bauernheere von mehr als 10.000 Mann vernichtend. Zuvor, am 15. Mai, wird Thomas Müntzers 8000 Mann starker Bauernhaufen bei Frankenhausen von den Truppen einer Fürstenallianz niedergemetzelt.

Walther fasst zusammen: „Die Abrechnung der geistlichen und weltlichen Fürsten mit den aufständischen Bauern, denen sich auch viele Kleinbürger der Städte angeschlossen hatten, ist grausam und blutig. Danach bleiben in den betroffenen Gegenden die Bauern und die städtischen Unter- und Mittelschichten für Jahrhunderte dem politischen Leben fern."

„Wäre es anders gekommen", fragt Richard, „wenn die weltlichen und kirchlichen Grundherren Hammurabi gelesen, die Bibel ernst genommen und die Bauern seit der Zeit, in der Du Deine Lieder sangest, besser behandelt hätten?"

„Eine zuverlässige Rechtsordnung ist unverzichtbar, aber sie allein genügt nicht", entgegnet Walther ernst. „Entscheidend ist, wie die Lebensgrundlagen gesichert werden und nach welchen Grundsätzen die Verfügungsmacht darüber organisiert ist. Wer hier versagt, geht unter."

Richard erinnert sich an einen Vortrag zur Kolonialgeschichte: „Seit der Zeit der Bauernkriege bis zum Ende des 19. Jahrhunderts haben die Europäer mit Feuerwaffen und Segelschiffen die Welt erobert und in Kolonien unter sich aufgeteilt. Mit Gewalt haben sie die Verfügungsmacht über die Erde an sich gerissen und bis 1850 etwa 8 bis 10 Mio. versklavte Afrikaner nach Amerika verschleppt – weit mehr als Weiße je dorthin ausgewandert sind. Mussten sie das zur Sicherung ihrer Lebensgrundlagen tun, um nicht unterzugehen?"

Walther: „Die Frage fällt wieder in die Abteilung ‚Auskunft verboten‘. Denn es ist nicht Teil menschlichen Wissens, wie die Geschichte verlaufen wäre, wenn die Europäer, ähnlich wie die Chinesen im 15. Jahrhundert, die Hochseeschifffahrt erst entwickelt und dann wieder aufgegeben hätten. Aber für Deine Frage kommt es jetzt auch nur noch auf die Betrachtung Deiner Gegenwart an. Begeben wir uns dorthin. Du wirst sehen, dass Ihr heute alles wissen könntet, was Ihr wissen müsst, wenn Ihr Euch tatsächlich für das interessiertet, was wichtig ist."

Weitergereist ins 21. Jahrhundert stehen Walther und Richard am Rand eines Weizenfeldes. Ein Mähdrescher zieht seine Bahn durch die gelben Ähren. Der Fahrer des Mähdreschers wiegt sich in seiner geschlossenen Kabine im Rhythmus der Musik aus seinen Kopfhörern. Nur jeweils am Ende des Feldes nimmt er das Steuer in die Hand, um die Maschine zu wenden. Alles übrige besorgt die Automatik. Sonst ist kein Mensch zu sehen. Der röhrende Motor des Mähdreschers stößt grauen Qualm aus.

„Energiesklaven bei der Arbeit", bemerkt Walther. Richard will wissen, was ein Energiesklave ist. Walther erklärt: „Ein Energiesklave ist der Teil des Energiebedarfs einer unter Volllast arbeitenden Energieumwandlungsanlage, z. B. des Mähdrescher-Dieselmotors und aller von ihm angetriebenen Maschinen, der rein rechnerisch dem menschlichen Arbeitskalorienbedarf von 2500 Kilokalorien pro Tag für Schwerstarbeit entspricht."

„Huh, das ist aber ziemlich abstrakt", meint Richard.

Walther überlegt kurz. Dann vereinfacht er: „Grob gesagt ist ein Energiesklave eine Maschine, die in vollem Betrieb so viel Energie benötigt und so viel Arbeit leistet wie ein menschlicher Schwerstarbeiter."

„Ah, ‚Energiesklaven' veranschaulichen die Wirkung der Energie in der Wirtschaft", beginnt Richard zu verstehen, „und in anderen Bereichen, die mit meiner Frage zu tun haben, richtig?"

„Genau", entgegnet Walther. „Nehmen wir folgendes Beispiel: Während der letzten zwanzig Jahre lag in Deutschland der Primärenergieverbrauch pro Kopf und Tag bei etwa 130 Kilowattstunden. Für Schwerstarbeit benötigt ein Mensch pro Tag 2500 Kilokalorien — das sind 2,9 Kilowattstunden. Wenn wir der Einfachheit halber keinen Unterschied zwischen Energiedienstleistungen wie Raumwärmeerzeugung und Mähdreschen machen, arbeiten also mehr als 40 Energiesklaven für jeden Deutschen. Für jeden US-Amerikaner sind es übrigens mehr als doppelt so viele. Und in den schwächer industrialisierten Entwicklungsländern dienen jedem Einwohner allenfalls sechs Energiesklaven."

„Und wegen unserer vielen Energiesklaven geht es uns materiell so viel besser als den Menschen in den Entwicklungsländern?", folgert Richard.

„Im Wesentlichen schon", bestätigt Walther und ergänzt: „Heute arbeiten nur noch rund zwei Prozent der deutschen Erwerbstätigen in der Landwirtschaft. Im Jahre 1950 waren es in Westdeutschland noch 25 %. Und am Ausgang des Mittelalters, um 1500, arbeiteten mehr als 80 % der Bevölkerung als Bauern."

„Ja", erinnert sich Richard „meine Oma hat auch erzählt, wie sie in den 1940er-Jahren zur Erntezeit in großen Trupps auf die Felder gezogen sind und sich mit Mähen und Garbenbinden geplagt hatten. Zwar sei's manchmal auch lustig gewesen, aber am Abend hätten Arme und Rücken ziemlich geschmerzt".

Walther und Richard wandern zu einem nahegelegenen Steinbruch. Die letzten Staubwolken einer Sprengung haben sich gerade gelegt. Bagger wuchten die losgesprengten Gesteinsblöcke auf Lastwagen. Die fahren zur nahegelegenen Zementfabrik und kippen ihre Fracht in Steinbrecher. Von dort wird das Gestein über Transportbänder Rohmühlen zugeführt. Nach einer Reihe weiterer maschineller Bearbeitungsschritte wird das Endprodukt Zement bis zu seinem Abtransport zu Baustellen in Silos gelagert. Über dem Zementwerk steigen weiße Wasserdampfwolken in den blauen Himmel.

Walther kommentiert: „In der Antike hat man in Steinbrüchen Heere versklavter Kriegsgefangener sich zu Tode schuften lassen. Jetzt entlasten die Energiesklaven in der modernen Produktion von Baumaterialien die Menschen von den schweren und gefährlichen Arbeiten, die mit dem Brechen und Bearbeiten von Gestein verbunden waren."

„Und die Wasserdampfwolke über der Zementfabrik gehört wieder zur Entropieentsorgung?", prüft Richard sein wachsendes Verständnis der Zusammenhänge.

„So ist es. Aber", fährt Walther fort „anspruchsvollere Steinbearbeitung wird zunehmend von den Ärmsten der Entwicklungs- und Schwellenländer verrichtet. Grabsteine und Kirchentreppen importieren die Deutschen inzwischen aus Indien und China. Die Kombination der maschinellen Energiesklaven und der Arbeitskraft der Ärmsten ist am kostengünstigsten".

„Das darf doch nicht wahr sein", entrüstet sich Richard.

„Es ist aber wahr, denn es rechnet sich. Gleiches galt übrigens bis vor kurzem auch für den Transport von Nordseekrabben zum Puhlen nach Marokko und ihr Rücktransport in Kühllastern nach Deutschland", entgegnet Walther und schwingt sich mit Richard übers Meer.

Ein Containerschiff, 300 m lang, 40 m breit und hochbepackt mit mehr als 5000 Containern, pflügt mit 25 Knoten in Richtung Westen durch den Indischen Ozean. „Damit lohnt sich auch der Export von Steinblöcken nach Europa. Der 90.000 PS starke Dieselmotor des Schiffs verbrennt schmutziges, billiges Schweröl. Insgesamt ist der Schiffsverkehr, der rund 90 % aller globalen Transportleistungen bewältigt, für 9 % der globalen Schwefeldioxidemissionen verantwortlich und emittiert so viel lungengängigen Feinstaub wie 300 Mio. Autos," kommentiert Walther. „Die Emissionen hängen wieder mit der Entropieproduktion zusammen?", vergewissert sich Richard, was Walther bestätigt.

Dann zeigt er in die Höhe. Ein vierstrahliger Großraum-Jet zieht seine Kondensstreifen über den Himmel. „Den Rest der globalen Transporte besorgen im Wesentlichen die kerosinverbrennenden Gasturbinen der Düsenflugzeuge."

Walther ergreift Richards Hand: „Jetzt geht es noch in ein Kraftwerk." Im nächsten Augenblick stehen sie neben einer Dampfturbine. „Um die Leistung der Dampfturbine mit der Muskelkraft von Pferden zu erbringen, bräuchte man 1,14 Mio. Pferde, die eine Weidefläche von mehr als 11.000 Quadratkilometern beanspruchen würden. Das ist das 18-Millionenfache der Dampfturbinenfläche", erläutert Walther.

Richard, lebhaft: „Ja, und jetzt sind wir bei den Problemen, die mir die Frage aufdrängen, wie es weitergehen soll. Dank unserer Reise sehe ich jetzt die Zusammenhänge besser. Klar ist, dass auf der Erde der technische Fortschritt, anders als uns die Ökonomen das weismachen wollen, nicht alle Probleme lösen kann, sondern an naturgesetzliche Grenzen stößt. Aber dadurch wird ja alles nur noch schwieriger, nicht wahr?" Während Walther ihm aufmerksam zuhört, fährt Richard fort: „Nehmen wir die Dampfturbine. Wie wird der Dampf erzeugt, der sie antreibt? Durch Kohleverbrennung oder Kernspaltung? Ein Kohlekraftwerk, das die gleiche Menge elektrischer Energie produziert wie ein Kernkraftwerk, emittiert das klimaschädliche Kohlendioxid in die Atmosphäre. Für das hochradioaktive Material der abgebrannten Brennelemente des Kernkraftwerks gibt es noch kein Endlager. Das Massenverhältnis von Kohlendioxid zu radioaktivem Abfall ist rund 100.000 zu 1. Zudem soll bei einem modernen deutschen Leichtwasserreaktor die Wahrscheinlichkeit für einen größten anzunehmenden

Unfall, also einem GAU, der große Mengen radioaktiven Materials freisetzt, bei etwa 1 Gau pro eine Million Reaktorbetriebsjahre liegen. Den mit mehr als zwei Milliarden Euro deutscher Steuergelder entwickelten Hochtemperaturreaktor, in dem keine Kernschmelze beim Versagen von Pumpen auftreten kann, haben, als er fertig war, Industrie und Politik nicht mehr gewollt und stillgelegt. Und wenn wir auf Kohle, Öl und Gas sowie auf Kernenergie verzichten und vollständig auf erneuerbare Energien umsteigen, brauchen wir große Flächen. Der Primärenergiebedarf Deutschlands im Jahre 2005 betrug rund 4000 Mrd. Kilowattstunden. Wollte man diesen aus Solarzellen mit einem Wirkungsgrad von 14 % decken, müsste man rund 40.000 Quadratkilometer, das sind mehr als 11 % der Fläche Deutschlands, mit Solarzellen bedecken. Und solange die Solarzellen mit Energie aus Kohle produziert werden, liegen ihre Lebenszyklus-Kohlendioxidemissionen bei 90 bis 190 Gramm pro Kilowattstunde elektrischer Energie. Das ist gar nicht so wenig im Vergleich zu den grob 1000 g eines Kohlekraftwerks. Und was das Ganze kosten würde, kann noch keiner abschätzen. Wollten wir den deutschen Energiebedarf mittels Biomasse decken und wären die energetischen Ernteerträge so groß wie in der intensiven chinesischen Landwirtschaft, benötigten wir rund 517.000 Quadratkilometer, das sind mehr als 140 % der Fläche Deutschlands. Das alles ist bekannt. Aber auf die Frage, wie wir mit all den Umweltbeanspruchungen, Ressourcenproblemen und Kostenrisiken umgehen sollen, gibt es keine überzeugenden Antworten. Und die Energiepolitik stolpert von einer Kehrtwende zur anderen."

Walther, der Richards Ausbruch amüsiert zugehört hat, nickt: „Jetzt hast Du auf einmal alles rausgesprudelt. Aber, Du hast wichtige Optionen außer Acht gelassen: emissionsarme Windkraftwerke, solarthermische Kraftwerke in Südeuropa und Nordafrika und vielleicht sogar einmal Satelliten-Sonnenkraftwerke."

„Das weiß ich auch", antwortet Richard. „In meinen Beispielen geht es ja auch nur um Größenordnungen und Unsicherheiten. Dabei habe ich von den Fluktuationen und Speicherproblemen der Photovoltaik und Windenergie in nördlichen Breiten noch gar nicht gesprochen. Im Übrigen glaube ich, dass es gegen jede der neuen Energiequellen Proteste geben wird, wenn diese erst einmal richtig zur Versorgung beitragen werden. Und selbst, wenn wir die Energie- und Umweltprobleme in den reichen Ländern lösen sollten, bleibt noch das Problem, dass die maschinellen Energiesklaven, wie Du sie mir erklärt hast, immer stärker die Menschen aus gut bezahlten, unbefristeten Beschäftigungsverhältnissen in schlecht bezahlte, unsichere Teilzeit- und Leiharbeitsplätze verdrängen. Die sozialen Spannungen werden steigen. Und an den Rest der Welt mit wachsender Bevölkerung darf ich gar nicht denken. Darum bin ich ja so unruhig. Und meiner Unruhe wegen bist Du ja auch gekommen, um mir den Weg zu zeigen, auf dem es weitergehen kann. Wo ist der Weg?"

Walther denkt etwas nach. Dann erklärt er: „Mit dem richtigen Verständnis der Vergangenheit, durch die wir gereist sind, und des Wirkens von Mensch und Natur, das Du beobachtet hast, können Du und Deine Zeitgenossen den Weg durch die kritischen nächsten 50 Jahre ertasten. Was

wir gesehen haben, hat ein kluger Mann so zusammengefasst: ‚Die Universalgeschichte der Menschheit kann in drei
Abschnitte unterteilt werden, denen jeweils ein bestimm-
tes Energiesystem entspricht. Dieses Energiesystem setzt die
Rahmenbedingungen, unter denen sich gesellschaftliche,
ökonomische oder kulturelle Strukturen bilden können.
Energie ist dabei nicht nur ein Wirkungsfaktor unter anderen, sondern es ist prinzipiell möglich, von den jeweiligen
energetischen Systembedingungen her formelle Grundzü-
ge der entsprechenden Gesellschaften zu bestimmen.' [8]
Nach den Gesellschaften der Jäger und Sammler sowie der
Bauern und Handwerker bildet Ihr jetzt die Gesellschaft
der Energiesklavenhalter und tretet in eine Periode ein, in
der die fossilen Speicher der Sonnenenergie sich leeren und
ihre Nutzung mit zu viel Umweltbelastungen verbunden
sind. Nunmehr müsst Ihr Eure Energie aus der unmittelbaren Umwandlung von Masse in Energie gewinnen, sei es
durch Nutzung der Strahlung aus der Kernverschmelzung
von Wasserstoff zu Helium in dem Fusionsreaktor Sonne,
sei es durch Kernreaktionen auf der Erde – oder im Erdin-
neren bei Geothermienutzung. Niemand kann Euch dabei
die sorgfältige Abschätzung der damit verbundenen vielfälti-
gen Risiken abnehmen. Nur eins ist sicher: Angst und Panik
sind schlechte Ratgeber."

Walther hält inne. Sie verlassen das Kraftwerk und treten
ans Ufer des Flusses, dem die Abwärme der Dampfturbine zugeleitet wird. Das Wasser glitzert in der Sonne.
Ein Ausflugsschiff mit fröhlichen Menschen an Bord fährt
flussabwärts. Mütter schieben Kinderwagen über die Ufer-
promenade. Die einen lachen mit ihren Babys, andere
plaudern per Handy mit fernen Partnern. Dazwischen

kurven Radler und Skater. Über die Brücke rollt der Nachmittagsverkehr. „Das ist ja meine Stadt", ruft Richard, und Walther bemerkt: „Hier sind doch scheinbar alle glücklich". „Nur scheinbar", brummt Richard, „letzte Woche hat ein großer Betrieb dicht gemacht und die Produktion nach Osten verlagert. Die Mitarbeiter wissen nicht, wie es weitergehen soll. Der Umgang mit den kleinen Leuten macht immer mehr Menschen wütend."

„Da sind wir fast wieder bei Hammurabi", meint Walther. „Jetzt müsst Ihr entscheiden, wer den Mehrwert bekommen soll, den die Energiesklaven erwirtschaften. Zu den Zeiten des Kalten Krieges, als der Kapitalismus im Wettbewerb mit dem scheinbar egalitären Sozialismus stand, erhielt die breite Masse der Bevölkerung so große Anteile dieses Mehrwerts, dass die Marktwirtschaft nicht nur ihr, sondern auch den Menschen im Machtbereich des Warschauer Paktes als beste aller Welten erschien. Deshalb wurde ja auch nach dem Fall des Eisernen Vorhangs und dem Zusammenbruch der ‚sozialistischen‘ Planwirtschaft das siegreiche marktwirtschaftliche System von nahezu allen Völkern Mittel- und Osteuropas übernommen. Doch jetzt, da die Herren über die Energiesklaven, also die Kapitalbesitzer und Manager, nicht mehr befürchten müssen, dass sich die Leute einem konkurrierenden Gesellschaftsmodell zuwenden, greifen sie immer größere Anteile der Wertschöpfung für sich ab. Das kannst Du übrigens detailliert in den Merril Lynch World Wealth Reports nachlesen, die im Internet stehen. Wer wie viel vom produzierten Wohlstandskuchen bekommt, bestimmen letztendlich die gesetzlichen Rahmenbedingungen des Marktes. Sucht Euch die richtigen aus. Ihr könntet zum

Beispiel die Last der Steuern und Sozialabgaben von den Menschen auf die Energiesklaven verlagern."

Richard, jetzt im Liegestuhl auf der Terrasse seines Hauses, grübelt dem nach: „Aber dagegen gibt es doch bestimmt ganz große Widerstände. Allein mit Vernunftgründen kann man normalerweise die Menschen doch nicht für Veränderungen gewinnen, durch die sie zumindest für den Augenblick Verluste befürchten. Wenn die Energiesklaven durch höhere Steuern sehr viel teurer werden, wirkt das ja fast wie die Befreiung menschlicher Sklaven in früheren Zeiten. Danach musste den Freigelassenen für ihre Arbeit der Lohn der Freien gezahlt werden. In den USA hat das zu dem blutigen Sezessionskrieg 1861–1865 zwischen den industrialisierten Nordstaaten und den auf schwarze Sklaven angewiesenen agrarischen Südstaaten geführt. Will man die Menschen für tiefgreifende Reformen gewinnen, muss man auch ihre Gefühle ansprechen. Wo ist die bewegende Botschaft?"

Walther blickt Richard sinnend an. Schließlich antwortet er: „Was hältst Du von folgendem Zitat aus einer Physikzeitschrift: ‚Der Primat ... wird die so schlecht genutzten potentiellen Fähigkeiten seines Großhirns besser gebrauchen müssen, um die Werte der Kultur und des Geistes sowie die dem Menschen eigene Fähigkeit, über sich hinauszugehen und zu lieben, zu entwickeln. Dabei könnte ihm die vorhersehbare Wiederentdeckung des Evangeliums eine Orientierungshilfe sein.' [9] Ist das Evangelium nicht durchtränkt von der Botschaft, dass der Mensch erst dadurch frei und glücklich wird, dass er sich nicht ängstlich an den eigenen, kurzfristigen Nutzen klammert, sondern langfristig das Heil für sich *und* seine Mitmenschen sucht?"

„Evangelium?", wundert sich Richard: „Die meisten Leute meinen doch, Religion passe nicht mehr zu unserem naturwissenschaftlichen Weltbild."

Walther, leicht spöttisch: „Ach, Du und Deine Zeitgenossen, seid Ihr Euch wirklich so sicher, dass Ihr den vollen Durchblick habt? Hast Du nicht auf unserer Reise noch einiges dazugelernt? Und hast Du vergessen, woher ich komme und warum ich überhaupt Dein Reisebegleiter sein konnte?"

Walthers Stimme wird schwächer: „Sprich mit Deiner Nachbarin. Ihr Mann hat ein Manuskript über Physik und Religion hinterlassen." Richard hört noch: „Lies es." Dann wacht er auf.

Seine Frau beugt sich über ihn und lächelt ihn an: „Gut geschlafen? Wie wär's mit einem Kaffee?" Richard schaut auf die Uhr. Gerade mal eine halbe Stunde ist seit dem Mittagessen vergangen. Leicht dämlich blickt er zu seiner Frau auf. „Was ist?", fragt die. „Ach, nichts", erwidert er.

Später sieht er die Nachbarin im Garten und beginnt ein Gespräch über den Zaun. Beiläufig erwähnt er das Manuskript ihres Mannes über Physik und Religion. Ihr Mann habe es ihm gegenüber einmal erwähnt. Ob er da mal reinschauen dürfte? Die Nachbarin bringt ihm eine CD: „Da müsste es drauf sein." Er bedankt sich, fährt seinen Computer hoch, schiebt die CD ein und liest.

2

Gott

Gott, die den Inbegriff des Heiligen als absoluten Wert in sich fassende transzendente Person, von der der religiös ergriffene Mensch sich unmittelbar in seiner Existenz betroffen und gefordert sieht.

Der Große Brockhaus, Vierter Band, 1978,
Wiesbaden, S. 617 f

2.1 Gott in der Bibel

„Die Bibel (griechisch *biblos* = Buch) oder die Heilige Schrift ist eine Sammlung von Büchern, die das Alte und Neue Testament umfasst. Das Alte Testament wird von Juden und Christen als Offenbarungsurkunde betrachtet. Die Bücher des Alten Testamentes stammen von Verfassern, durch die Gott zu den Menschen spricht und durch die das Volk Israel seinen Glauben an die Heilstaten und Verheißungen Gottes bekennt. Juden und Christen glauben an die Inspiration (Eingebung) dieser Bücher durch den Geist Gottes.

Jesus Christus erhob den Anspruch, der Retter und Heilbringer zu sein, den Gott im Alten Testament verheißen hatte. So übernahm die christliche Kirche das Alte Testament als Heilige Schrift; daneben überlieferte sie Worte Jesu und seine Taten und sein Schicksal. Die im Neuen Testament . . . enthaltenen urchristlichen Schriften wurden von der Kirche des 2. Jahrhunderts gesammelt, weil sie den Glauben der apostolischen und nachapostolischen Zeit auf zuverlässige Weise bezeugen. Nach Auffassung der Kirche sind sie unter dem Beistand des Heiligen Geistes abgefasst worden. Sie galten von früh als die für den Glauben und das Leben der Kirche maßgeblichen Urkunden."

Schon diese ersten Sätze aus den Einleitungen zum Alten Testament und zum Neuen Testament in der Einheitsübersetzung der Heiligen Schrift [10] kennzeichnen die Bibel als Grundlage des christlichen Glaubens. Als jemand, der zu Beginn des Zweiten Weltkriegs geboren wurde und dem die Physik Herausforderungen des 21. Jahrhunderts bewusst gemacht hat, zitiere ich im Folgenden einige Texte aus dieser Bibelübersetzung, von denen ich glaube, dass sie für uns Heutige wichtig sind. Darin bestärkt hat mich ein Gespräch mit einem US-amerikanischen Physiker beim Frühstück am letzten Tag einer internationalen Konferenz über Energie und nachhaltige Entwicklung. Er bekannte sich als Atheist, weil die Religion so viel Streit in seine Familie hineingetragen habe. Denn seine Mutter, eine tiefgläubige Katholikin, habe es ihren Kindern nicht verziehen, dass sie Partner anderer Kofession geheiratet hätten. Und die ganzen Wundergeschichten seien sowieso unglaubwürdig. Er stimmte mir aber sofort darin zu, dass die Bergpredigt eine gute Botschaft und Dietrich Bonhoeffer ein Heiliger sei. Bald beteiligten sich noch weitere Kollegen an dem schnell in die Tiefe gehenden Gedankenaustausch, bis das Tagungsprogramm uns in den Hörsaal rief.

2.1.1 Altes Testament

Die hebräische Bibel der Juden Palästinas besteht aus drei Teilen: die fünf Bücher des Gesetzes (Genesis, Exodus, Levitikus, Numeri, Deuteronomium), die Moses zugeschrieben werden; die Bücher der Propheten, unterteilt in die der früheren (Josua, Richter, Samuel, Könige) und die der späteren Propheten (Jesaja, Jeremia, Ezechiel und die Kleinen Propheten); die übrigen Schriften (darunter die Psalmen, das Buch Ijob, Hoheslied, Kohelet). Diese (protokanonischen) Bücher und weitere, den Juden in der heidnischen Diaspora ebenfalls als heilig geltende (deuterokanonische) Schriften, wurden von christlichen Theologen neu geordnet und in die Bibel der Christen als „Altes Testament" aufgenommen. [11] Die fünf Bücher des Gesetzes vereinigen die Überlieferungen vieler verschiedener Verfasser. Ein letzter Bearbeiter hat ihnen ihre heutige Gestalt verliehen, um seinem Volk nach der Katastrophe des Babylonischen Exils (586–538 v. Chr.) zu zeigen, wie Gott im Lauf der Geschichte an der Menschheit und seinem Volk gehandelt hat [12].

Die von dem katholischen Alttestamentler Hans-Joachim Kraus zusammengefasste historische Forschung zur Besiedlung Palästinas durch die „Zwölf Stämme Israels" [13] hat erwiesen: „Zu verschiedenen, nicht mehr erkennbaren Zeiten und an auseinanderliegenden, nicht mehr feststellbaren Orten müssen in vielschichtigen Vorgängen die israelitischen Stämme entstanden sein" [14]. Insofern vereinfacht das Alte Testament die Geschichte Israels. In seiner Darstellung entspringen alle 12 Stämme Israels den Nachkommen des Patriarchen Jakob mit dem Ehrennamen Israel. In Ägypten wuchsen sie zu einem großen Volk heran, das Frondienste leisten musste, bis sie Moses im Auftrag Gottes und mit dessen

Beistand in die Freiheit und dem Land Kanaan in Palästina entgegen führte. Dabei offenbarte sich Gott seinem auserwählten Volke in machtvollen Worten und Taten. Unter welchen tatsächlichen historischen Umständen sich die Vorstellungen der biblischen Menschen von Gott und seinem Wirken gebildet haben, ist zweitrangig gegenüber dem Eindruck, dass sie tiefes Wissen um die Natur des Menschen und seine Beziehung zu Gott wiedergeben. Die folgenden Zitate aus den fünf Büchern des Gesetzes und den Büchern der späteren Propheten werfen Schlaglichter auf dieses Wissen.

Die Erschaffung der Welt

Im Anfang schuf Gott Himmel und Erde . . . Gott sprach: Es werde Licht! Und es ward Licht. Dann sprach Gott: Lasst uns Menschen machen als unser Abbild, uns ähnlich. . . . Gott schuf also den Menschen als sein Abbild. . . . Als Mann und Frau schuf er sie. [15]

Vorstellungen von einem Schöpfergott gibt es in vielen Kulturen. Dass der Mensch *als Mann und Frau* Gottes Abbild ist, sagt über Gottes Sein und die Würde des Menschen Schöneres aus als andere heilige Schriften.

Der Name Gottes

Mose zu Gott: Gut, ich werde also zu den Israeliten kommen und zu ihnen sagen: Der Gott eurer Väter hat mich zu euch gesandt. Da werden sie mich fragen: Wie heißt er? Was soll ich ihnen darauf sagen? Da antwortete Gott dem Mose: Ich bin der „Ich-bin-da" . . . So sollst du zu den Israeliten sagen: Der „Ich-bin-da" hat mich zu euch gesandt. [16]

Wem auch immer Gott sich als der Ich-bin-da (Jahwe) geoffenbart hat – diese seine Selbstaussage entspricht der tiefsten Gotteserfahrung von Menschen aller Zeiten. Was Menschen wohl tut, folgt daraus.

Wohl

Höre Israel! Jahwe, unser Gott, Jahwe ist einzig. Darum sollst du den Herren deinen Gott lieben, mit ganzem Herzen, mit ganzer Seele und mit ganzer Kraft. . . . Du sollst deinen Nächsten lieben wie dich selbst. [17]

Das Gebot der Gottes- und Nächstenliebe ist im Alten Testament unter der Fülle der Gesetzesvorschriften von Deuteronomium und Levitikus fast verborgen. Im Neuem Testament steht es für die Erfüllung des Gesetzes und der Propheten. Bestimmte es das Alltagshandeln der Menschen, gäbe es weniger Anlass zu Weherufen.

Wehe

Wehe denen, die das Recht in bitteren Wermut verwandeln und die Gerechtigkeit zu Boden schlagen. . . . Weil ihr von den Hilflosen Pachtgeld annehmt und ihr Getreide mit Steuern belegt, darum baut ihr Häuser aus behauenem Stein – und wohnt nicht darin, legt ihr euch prächtige Weinberge an – und werdet den Wein nicht trinken. . . . Ihr bringt den Unschuldigen in Not, ihr lasst euch bestechen und weist den Armen ab bei Gericht. . . . Hasst das Böse, liebt das Gute und bringt bei Gericht das Recht zur Geltung! Vielleicht ist der Herr, der Gott der Heere, dem Rest Josefs dann gnädig. [18]

Amos, der älteste Schriftprophet (um 760 v. Chr.), geißelte Ausbeutung, Unterdrückung und Korruption in der Verwaltung, im Gerichtswesen und in der Wirtschaft des Nordreichs Israel. Die angedrohte Strafe Gottes wurde bald darauf von den Assyrern vollzogen. Etwas später sprach der Prophet Jesaja (etwa 740–701 v. Chr.) ähnliche Gerichtsworte über das Südreich Juda:

> Wehe denen, die unheilvolle Gesetze erlassen und unerträgliche Vorschriften machen, um die Schwachen vom Gericht fernzuhalten und den Armen meines Volkes das Recht zu rauben, um die Witwen auszubeuten und die Waisen auszuplündern. Was wollt ihr tun, wenn die Strafe naht, wenn das Unwetter von fern heraufzieht? Zu wem wollt ihr flüchten, um Hilfe zu finden, wo euren Reichtum verstecken? [19]

Diese Weherufe gelten uns Heutigen genauso wie den Israeliten im geteilten Reich Davids. Auch heute wächst die Kluft zwischen Arm und Reich im nationalen und internationalen Bereich. Auch heute herrscht Verschwendung in den reichen Ländern, die von den korrupten Eliten der ärmeren Länder imitiert wird, während die große Mehrheit der Weltbevölkerung darbt. Und auch heute droht Strafe, nicht durch Assyrer und Babylonier, sondern durch die Natur. Doch es gibt Hoffnung.

Die Verheißung

Das Volk, das im Dunkel lebt, sieht ein helles Licht; über denen, die im Land der Finsternis wohnen, strahlt ein Licht auf. Du erregst lauten Jubel und schenkst große

Freude. ... Jeder Stiefel, der dröhnend daherstampft, jeder Mantel der mit Blut befleckt ist, wird verbrannt, wird ein Fraß des Feuers. Denn uns ist ein Kind geboren, ein Sohn ist uns geschenkt. Die Herrschaft liegt auf seiner Schulter; man nennt ihn: Wunderbarer Ratgeber, Starker Gott, Vater in Ewigkeit, Fürst des Friedens. [20]

Seht, das ist mein Knecht, den ich stütze; das ist mein Erwählter. An ihm finde ich Gefallen. Ich habe meinen Geist auf ihn gelegt, er bringt den Völkern das Recht. Er schreit nicht und lärmt nicht und lässt seine Stimme nicht auf der Straße erschallen. Das geknickte Rohr zerbricht er nicht und den glimmenden Docht löscht er nicht aus; ja, er bringt wirklich das Recht. ... Seht, mein Knecht hat Erfolg, er wird groß sein und erhaben. Viele haben sich über ihn entsetzt, so entstellt sah er aus, nicht mehr wie ein Mensch, seine Gestalt war nicht mehr die eines Menschen. Jetzt aber setzt er viele Völker in Staunen, Könige müssen vor ihm verstummen. Denn was man ihnen noch nie erzählt hat, das sehen sie nun; was sie niemals hörten, das erfahren sie jetzt. [21]

Diese Verheißungen des Jesaja[1] sind mehr als 500 Jahre später durch Jesus Christus in Erfüllung gegangen – so wenigstens verstehen die Christen das Neue Testament.

---

[1] Der Autor von [21], der Deutero-Jesaja, schrieb im babylonischen Exil.

2.1.2   Neues Testament

Die Worte und Taten Jesu wurden schon früh aufgezeichnet, um sie für die Glaubensunterweisung, die Verkündigung im Gottesdienst und für die Missionspredigt verwenden zu können. Bald wurden auch die Berichte über das Leiden Jesu und über die Ereignisse nach seinem Tod niedergeschrieben. Markus verfasste als Erster ein Evangelium. Das Neue Testament umfasst die Evangelien des Matthäus, Markus, Lukas und Johannes, die Apostelgeschichte, dreizehn Briefe des Apostels Paulus, den Brief an die Hebräer, die sieben sogenannten Katholischen Briefe und die Offenbarung des Johannes. [22] Zitiert wird im Folgenden aus den vier Evangelien.

Geburt Jesu

Mit der Geburt Jesu war es so: Maria, seine Mutter, war mit Josef verlobt; noch bevor sie zusammengekommen waren, zeigte sich, dass sie ein Kind erwartete – durch das Wirken des Heiligen Geistes [23]. . . . Josef. . . nahm seine Frau zu sich. Er erkannte sie aber nicht, bis sie ihren Sohn gebar. Und er gab ihm den Namen Jesus [24]. Als Jesus zur Zeit des Königs Herodes in Bethlehem in Judäa geboren worden war, kamen Sterndeuter aus dem Osten nach Jerusalem und fragten: Wo ist der neugeborene König der Juden? [25]

Jesus wurde in geschichtlich wohldatierter Zeit geboren. Dass er durch das Wirken des Heiligen Geistes von der Jungfrau Maria empfangen wurde, berichten nur Matthäus und Lukas. Viele heutige Christen haben mit der Jungfrauengeburt Jesu Probleme. Darauf wird in der „Nachlese" eingegangen.

Bestätigung

Es war im fünfzehnten Jahr der Regierung des Kaisers Tiberius; Pontius Pilatus war Statthalter von Judäa . . . Da erging in der Wüste das Wort Gottes an Johannes, den Sohn des Zacharias. Und er zog in die Gegend am Jordan und verkündigte dort überall Umkehr und Taufe zur Vergebung der Sünden. . . . Zusammen mit dem ganzen Volk ließ auch Jesus sich taufen. Und während er betete, öffnete sich der Himmel, und der Heilige Geist kam sichtbar in Gestalt einer Taube auf ihn herab, und eine Stimme aus dem Himmel sprach: Du bist mein geliebter Sohn, an dir habe ich Gefallen gefunden. [26]

Während der römischen Statthalterschaft des Pilatus wird dem Menschen Jesus die Gottessohnschaft bestätigt. Mit dieser Autorität ausgestattet, beginnt er zu lehren und zu handeln.

Bergpredigt

Als Jesus die vielen Menschen sah, stieg er auf einen Berg. Er setzte sich, und seine Jünger traten zu ihm. Dann begann er zu reden und lehrte sie. Er sagte: Selig, die arm sind vor Gott; denn ihnen gehört das Himmelreich. Selig die Trauernden; denn sie werden getröstet werden. Selig, die keine Gewalt anwenden; denn sie werden das Land erben. Selig, die hungern und dürsten nach Gerechtigkeit; denn sie werden satt werden. Selig die Barmherzigen;

denn sie werden Erbarmen finden. Selig, die ein reines Herz haben; denn sie werden Gott schauen. Selig, die Frieden stiften; denn sie werden Söhne Gottes genannt werden. Selig, die um der Gerechtigkeit willen verfolgt werden; denn ihnen gehört das Himmelreich [27]. . . . wenn dich einer auf die rechte Wange schlägt, dann halte ihm auch die andere hin. [28] . . . Liebet Eure Feinde [29]. Alles was ihr von anderen erwartet, das tut auch ihnen. Darin besteht das Gesetz und die Propheten [30].

Die Bergpredigt ist eine Anleitung zu einem trotz aller Schicksalsschläge glücklichen Leben, zur De-Eskalation von Konflikten und zur Gestaltung der zwischenmenschlichen Beziehungen. Herrenmenschen haben sie als eine Vertröstung von Schwachen auf ein jenseitiges Himmelreich verspottet. Doch langfristig hat sich Herrenmenschentum in der Geschichte nicht durchgesetzt. Die Apostel, die das Evangelium im römischen Weltreich verkündeten, waren Tatmenschen, alles andere als Schwächlinge. Paulus begab sich auf gefährliche Missionsreisen zu Land und zu Wasser und verdiente dabei seinen Lebensunterhalt als Zeltmacher. Petrus, der Fischer vom See Genezaret, griff auch schon mal zum Schwert (als Jesus verhaftet wurde und es ihm verwies). Das von den Frauen und Männern in der Nachfolge Christi gelebte Evangelium wirkte im Römischen Reich als ein Sauerteig, der Sklaven, Soldaten und Vornehme dreihundert Jahre lang umwandelte – bis, ja bis in der Konstantinischen Wende das Christentum zur Staatsreligion Roms wurde und danach in Europa die Herrschaft übernahm. Immer wieder haben Heilige wie Franz von Assisi und die, von denen noch die Rede sein wird, die Mächtigen der Kirche an die Bergpredigt erinnert. Hätten sie mehr Erfolg gehabt, würde diese Lehre Jesu unser Verhalten heute stärker bestimmen und uns den Weg in die Zukunft deutlicher zeigen.

Vom Weltgericht

Als Jesus den Tempel verlassen hatte, wandten sich seine Jünger an ihn ... Er sagte zu ihnen: ... Wenn der Menschensohn ... kommt, wird er sich auf den Thron seiner Herrlichkeit setzen. Und alle Völker werden vor ihm zusammengerufen werden, und er wird sie voneinander scheiden ... Dann wird der König denen auf der rechten Seite sagen: Kommt her, die ihr von meinem Vater gesegnet seid, nehmt das Reich in Besitz, das seit der Erschaffung der Welt für Euch bestimmt ist. Denn ich war hungrig und ihr habt mir zu essen gegeben; ich war durstig und ihr habt mir zu trinken gegeben; ich war fremd und obdachlos und ihr habt mich aufgenommen; ich war nackt und ihr habt mir Kleidung gegeben; ich war krank und ihr habt mich besucht; ich war im Gefängnis und ihr seid zu mir gekommen. Dann werden ihm die Gerechten antworten: Herr, wann haben wir dich hungrig gesehen und dir zu essen gegeben, oder durstig und dir zu trinken gegeben? Und wann haben wir dich fremd und obdachlos gesehen und aufgenommen, oder nackt und dir Kleidung gegeben? Und wann haben wir dich krank oder im Gefängnis gesehen und sind zu dir gekommem? Darauf wird der König ihnen antworten: Amen ich sage euch: Was ihr für einen meiner geringsten Brüder getan habt, das habt ihr mir getan. [31]

Wem die Seligpreisungen der Bergpredigt zu sanft sind, dem sagt es Jesus hart: Im Mitmenschen, in Elend und Not, begegnet uns der höchste Herr und Richter der Welt. In der Fortsetzung der Rede vom Weltgericht sagt der Menschensohn auf dem Thron seiner Herrlichkeit zu denen auf seiner Linken, die einem der geringsten seiner Brüder ihren Beistand verweigert haben: „Weg von mir, ihr Verfluchten . . .".

Das höchste Gebot

Ein Schriftgelehrter . . . ging . . . zu ihm hin und fragte ihn: Welches Gebot ist das erste von allen? Jesus antwortete: Höre Israel, der Herr, unser Gott, ist der einzige Herr. Darum sollst du den Herren deinen Gott lieben mit ganzem Herzen und ganzer Seele, mit allen deinen Gedanken und all deiner Kraft. Als zweites kommt hinzu: Du sollst Deinen Nächsten lieben wie dich selbst. Kein anderes Gebot ist größer als diese beiden. Da sagte der Schriftgelehrte zu ihm: Sehr gut, Meister! Ganz richtig hast du gesagt: Er allein ist der Herr, und es gibt keinen anderen außer ihm, und ihn mit ganzem Herzen, ganzem Verstand und ganzer Kraft zu lieben und den Nächsten zu lieben wie sich selbst, ist weit mehr als alle Brandopfer und anderen Opfer [32].

Der Schriftgelehrte, ein Angehöriger des von Jesus oft kritisierten religiösen Establishments, und Jesus sind sich einig in der Vorrangstellung des Gebotes der Gottes- und Nächstenliebe. Dies Gebot ist die Klammer zwischen Altem und Neuem Testament.

Zeichen

Da kam ein Mann namens Jaïrus, der Synagogenvorsteher war. Er fiel Jesus zu Füßen und bat ihn, in sein Haus zu kommen. Denn sein einziges Kind, ein Mädchen von zwölf Jahren, lag im Sterben. Während Jesus auf dem Weg zu ihm war, . . . kam einer, der zum Hause des Synagogenvorstehers gehörte, und sagte (zu Jaïrus): Deine Tochter ist gestorben. Bemüh den Meister nicht länger! Jesus hörte es und sagte zu Jaïrus: Sei ohne Furcht; glaube nur, dann wird sie gerettet. Als er in das Haus ging, ließ er niemand mit hinein außer Petrus, Johannes und Jakobus und die Eltern des Mädchens. Alle Leute weinten und klagten über ihren Tod. Jesus aber sagte: Weint nicht! Sie ist nicht gestorben, sie schläft nur. Da lachten sie ihn aus, weil sie wussten, dass sie tot war. Er aber fasste sie an der Hand und rief: Mädchen, steh auf! Da kehrte das Leben in sie zurück, und sie stand sofort auf. Und er sagte, man solle ihr etwas zu essen geben. Ihre Eltern aber waren außer sich. [33]

Eingebettet in die Geschichte von der Tochter des Jaïrus ist die Heilung einer Frau, die seit zwölf Jahren an Blutungen litt. In der Jesus umgebenden Menschenmenge hatte sie sich von hinten an ihn herangedrängt, den Saum seines Gewandes berührt, und sogleich war die Blutung zum Stillstand gekommen. Jesus, der gespürt hatte, dass eine Kraft von ihm ausgeströmt war, fragte: „Wer hat mich berührt?" Schließlich bekannte die Frau in Angst und Zittern ihre Berührung – nach dem Gesetz durften durch Blutungen unreine Frauen andere nicht berühren. Jesus sagte: „Hab keine Angst, meine Tochter, dein Glaube hat dir geholfen." Es ist stets der Glaube, der Wunder wirkt.[2] Als Jesus in seine Heimatstadt Nazareth kam, nahmen die Leute, die ihn alle nur als den Zimmermann und einen der ihren gekannt hatten, Anstoß an seinen außergewöhnlichen Worten und Taten und lehnten ihn ab. Darum konnte er dort keine Wunder tun. „Und er wunderte sich über ihren Unglauben." [34]

Alle Wunder Jesu sind Zeichen des Glaubens, in dem sich der Mensch vertrauensvoll und bedingungslos Gott überlässt. Sie zeigen auch Jesu Nächstenliebe. Als Zeichen seiner Herkunft und Macht sind sie hingegen sekundär. Wie sie in Gottes Schöpfung zustandekommen, deutet Jesus in der folgenden Heilung am Sabbat an.

Am Werk

In Jerusalem gab es beim Schaftor einen Teich ... Dort lag auch ein Mann, der schon achtunddreißig Jahre krank war. Als Jesus ihn dort liegen sah und erkannte, dass er schon lange krank war, ... sagte Jesus zu ihm: Steh auf, nimm deine Bahre und geh! Sofort wurde der Mann gesund, nahm seine Bahre und ging. Dieser Tag war aber ein Sabbat. ... Der Mann ... teilte den Juden mit, dass es Jesus war, der ihn gesund gemacht hatte. Daraufhin verfolgten die Juden Jesus, weil er das an einem Sabbat getan hatte. Jesus aber entgegnete ihnen: Mein Vater ist noch immer am Werk und auch ich bin am Werk. Darum waren die Juden noch mehr darauf aus, ihn zu töten, weil

---

[2] So sagt man ja auch: „Das Wunder ist des Glaubens liebstes Kind" . Ungläubige verstehen unter diesem Satz allerdings, dass eine Illusion die andere gebiert.

er nicht nur den Sabbat brach, sondern auch Gott seinen Vater nannte und sich damit Gott gleichstellte. [35]

Gott ist immer am Werk. Diese Aussage Jesu stützt die späteren Überlegungen zu immerwährender Schöpfung in Abschn. 4.2. Dass Jesus Gott seinen Vater nennt, galt frommen Juden als Gotteslästerung, die nur der Tod sühnen konnte.

Vereinigung

Als es Abend wurde, kam Jesus mit den Zwölf. Während sie nun bei Tische waren und aßen, sagte er: Amen, ich sage euch: Einer von euch wird mich verraten und ausliefern, einer von denen, die zusammen mit mir essen. Da wurden sie traurig und fragten ihn: Doch nicht etwa ich? … Während des Mahls nahm er das Brot und sprach den Lobpreis; dann brach er das Brot, reichte es ihnen und sagte: Nehmt, das ist mein Leib. Dann nahm er den Kelch, sprach das Dankgebet, reichte ihn den Jüngern und sie tranken alle daraus. Und er sagte zu ihnen: Das ist mein Blut, das Blut des Bundes, das für viele vergossen wird. Amen, ich sage euch: Ich werde nicht mehr von der Frucht des Weinstocks trinken bis zu dem Tag, an dem ich von neuem davon trinke im Reich Gottes [36].

Jesus hatte schon längere Zeit vor dem letzten Abendmahl, dessen Gedächtnis und Nachvollzug den Kern christlichen Gottesdienstes bildet, seinen Jüngern angekündigt, dass er ihnen sein Fleisch zu essen und sein Blut zu trinken geben werde. Viele hatten das damals als eine skandalöse Zumutung empfunden und sich von ihm abgewandt. Dann, im

Angesicht des Todes, wandelt Jesus Brot und Wein in seinen Leib und sein Blut und vollzieht und besiegelt für alle Zeiten im gemeinsamen Mahl die Vereinigung von Materie und Mensch mit Gott.

Verurteilung

Judas, einer von den Zwölf, (kam) mit einer Schar von Männern, die mit Schwertern und Knüppeln bewaffnet waren. . . . Da ergriffen sie ihn und nahmen ihn fest. . . . Darauf führten sie Jesus zum Hohenpriester und es versammelten sich alle Hohenpriester und Ältesten und Schriftgelehrten. . . . Da wandte sich der Hohepriester . . . an ihn und fragte: Bist du der Messias, der Sohn des Hochgelobten? Jesus sagte: Ich bin es . . . Da zerriss der Hohepriester sein Gewand und rief: . . . Ihr habt die Gotteslästerung gehört. Was ist eure Meinung? Und sie fällten einstimmig das Urteil: Er ist schuldig und muss sterben [37]. Sie ließen ihn fesseln und abführen und lieferten ihn Pilatus aus. . . . Pilatus . . . gab den Befehl, Jesus zu geißeln und zu kreuzigen [38].

Jesu Verhaftung geschah nachts, weil man seine vielen Anhänger im Volk fürchtete. Dann wurde mit dem Gotteslästerer kurzer Prozess gemacht. Da nur die römische Besatzungsmacht Todesurteile verhängen und vollstrecken durfte, wurde ihr Repräsentant Pilatus in das Geschehen mit hineingezogen. Dem waren Religionsstreitigkeiten zwar egal und gingen ihn eigentlich auch nichts an. Aber er wollte mit den stets aufsässigen Juden nicht noch mehr Ärger haben. So ließ er ihnen ihren Willen und Jesus kreuzigen.

Kreuzigung

Und sie brachten Jesus an einen Ort namens Golgota. . . .
Dann kreuzigten sie ihn. . . . Es war die dritte Stunde, als
sie ihn kreuzigten [39]. Bei dem Kreuz Jesu standen seine
Mutter und die Schwester seiner Mutter, Maria, die Frau
des Klopas, und Maria von Magdala [40]. Und in der
neunten Stunde rief Jesus mit lauter Stimme: . . . Mein
Gott, mein Gott, warum hast du mich verlassen? . . .
Dann hauchte er den Geist aus [41]. An dem Ort, wo
man ihn gekreuzigt hatte, war ein Garten, und in dem
Garten war ein neues Grab . . . und weil das Grab in der
Nähe war, setzten sie Jesus dort bei [42].

In der grausamsten Hinrichtungsart der Römer erleidet Jesus
Qual und äußerste Verlassenheit. Auch in tiefster Not ist er
unser Bruder. Gehören damit auch Schmerz, Einsamkeit
und Tod zur Gottesebenbildlichkeit des Menschen? Dürfen
damit auch wir auf eine Auferstehung hoffen?

Auferstehung

Am ersten Tag der Woche kam Maria von Magdala früh-
morgens, als es noch dunkel war, zum Grab und sah,
dass der Stein vom Grab weggenommen war. Da lief sie
schnell zu Simon Petrus und dem Jünger, den Jesus liebte,
und sagte zu ihnen: Man hat den Herrn aus dem Grab
weggenommen, und wir wissen nicht, wohin man ihn
gelegt hat. Da gingen Petrus und der andere Jünger hinaus und kamen zum Grab. . . . der andere Jünger kam als
Erster ans Grab. Er beugte sich vor . . . ging aber nicht
hinein. Da kam auch Simon Petrus . . . und ging in das
Grab hinein. . . . Dann kehrten die Jünger wieder nach

Hause zurück. Maria aber stand draußen vor dem Grab und weinte. Während sie weinte, beugte sie sich in die Grabkammer hinein. Da sah sie zwei Engel in weißen Gewändern sitzen … Die Engel sagten zu ihr: Frau, warum weinst du? Sie antwortete ihnen: Man hat meinen Herren weggenommen, und ich weiß nicht, wohin man ihn gelegt hat. Als sie das gesagt hatte, wandte sie sich um und sah Jesus dastehen, wusste aber nicht, dass es Jesus war. Jesus sagte zu ihr: Frau, warum weinst du? Wen suchst du? Sie meinte, es sei der Gärtner, und sagte zu ihm: Herr, wenn du ihn weggebracht hast, sag mir, wohin du ihn gelegt hast. Dann will ich ihn holen. Jesus sagte zu ihr: Maria! Da wandte sie sich ihm zu und sagte auf Hebräisch zu ihm: Rabbuni!, das heißt: Meister. Jesus sagte zu ihr: Halte mich nicht fest; denn ich bin noch nicht zum Vater hinaufgegangen. Geh aber zu meinen Brüdern und sag ihnen: Ich gehe hinauf zu meinem Vater und zu eurem Vater, zu meinem Gott und zu eurem Gott. Maria von Magdala ging zu den Jüngern und verkündete ihnen: Ich habe den Herren gesehen. Und sie richtete aus, was er ihr gesagt hatte [43].

Maria von Magdala, die treueste Gefährtin Jesu, die ihn bis unter das Kreuz begleitet hatte, während fast alle Jünger weggelaufen waren, begegnet als Erste dem auferstandenen Jesus. Aber sie kann und darf ihn nicht festhalten, so wenig wie alle anderen, die Gott erfahren, es können und dürfen.

Ohne die Auferstehung Jesu ist der christliche Glaube nichtig. Paulus sagt das den Korinthern, die an der Auferstehung von den Toten zweifeln, in aller Schärfe: „Wenn aber Christus nicht auferweckt worden ist, dann ist euer Glaube nutzlos und ihr seid immer noch in euren Sünden; und auch die in Christus Entschlafenen sind dann verloren. Wenn wir nur in diesem Leben auf Christus gesetzt haben, sind wir erbärmlicher daran als alle anderen Menschen. Nun aber *ist* Christus von den Toten auferweckt worden als der Erste der Entschlafenen." [44]

In seiner Vorlesung zur Theoretischen Physik an der TH Darmstadt Anfang der 1960er-Jahre zitierte Professor Otto Scherzer sinngemäß diese Stelle aus dem 1. Korintherbrief als Beispiel für einen Zirkelschluss, den man sich in der theoretischen Physik nicht erlauben dürfe: Paulus sage, dass ohne die Auferstehung Jesu der christliche Glaube sinnlos sei; damit aber der Glaube nicht sinnlos sei, müsse Jesus auferstanden sein.[3] Aber natürlich ist das nicht die Logik des Paulus. In seinem Damaskuserlebnis, in dem der Christenverfolger Saulus zum Heidenmissionar Paulus wurde, hatte er den Auferstandenen Jesus *erfahren*, „als letzter der Apostel, gleich einer Missgeburt." Diese Erfahrung liegt seiner Argumentation zugrunde, und aus ihr bezog er die Kraft zur Verkündigung des Evangeliums bis zur Hinrichtung in Rom.

Auftrag

Die elf Jünger gingen nach Galiläa auf den Berg, den Jesus ihnen genannt hatte. Und als sie Jesus sahen, fielen sie vor ihm nieder. Einige aber hatten Zweifel. Da trat Jesus auf sie zu und sagte zu ihnen: Mir ist alle Macht gegeben im

---

[3] Damit soll nichts über die mir unbekannte religiöse Einstellung meines Diplomvaters Scherzer gesagt werden.

Himmel und auf der Erde. Darum geht zu allen Völkern und macht alle Menschen zu meinen Jüngern; tauft sie im Namen des Vaters und des Sohnes und des Heiligen Geistes, und lehrt sie, alles zu befolgen, was ich euch geboten habe. Seid gewiss: Ich bin bei euch alle Tage bis zum Ende der Welt [45].

Am Anfang seines Bundes mit dem auserwählten Volk nennt Gott seinen Namen „Ich-bin-da". Am Ende seines Erdendaseins und dem Anfang der Kirche verspricht Jesus „Ich bin bei euch alle Tage".

2.2 Gott erfahren – bis ins Heute

Selbst als die Jünger den auferstandenen Jesus sahen, hatten einige Zweifel. Doch sie ließen sich auf seine Botschaft ein, die im Gefäß der Kirche durch die Zeit getragen wird. Dieses Gefäß wird von den menschlichen Händen, die es weiterreichen, immer wieder beschmutzt. Aber das ändert nichts an seinem wertvollen Inhalt, dem Zeugnis der Bibel vom Umgang Gottes mit den Menschen.

Doch Gotteserfahrungen sind nicht auf den Zeitabschnitt der biblischen Berichte beschränkt. Gott ist immer da. Jesus bleibt bei uns bis zum Ende unserer Welt.[4] In den zweitausend Jahren seit Christi Geburt sind viele vom Evangelium ergriffene Menschen Gott begegnet. Von ihren Berichten kann unser Buch, das von Erfahrungen in der geistigen

---

[4] Für jeden Einzelnen von uns tritt das Ende seiner Welt mit dem Tode ein. Das Kap. 4 versucht, mehr dazu zu sagen.

und in der natürlichen Welt handelt, nur einige beispielhaft wiedergeben. Sie betreffen Menschen verschiedenster Ausbildung und gesellschaftlicher Herkunft, die in der von den Naturwissenschaften immer stärker geprägten Zeit seit dem Ende des Mittelalters ihr Leben radikal auf Gott hin orientierten und dabei, oft tatkräftig im Leben stehend, Heil zu wirken oder Unheil abzuwenden suchten. Eingebettet in die Geschichte ihrer Zeit dienen diese Beispiele gleichsam als Trittsteine, die zum naturwissenschaftlichen Erfahrungsbereich hinüberführen.

2.2.1 Heilige — Gott allein genügt

Der Apostel Paulus bezeichnet in seinem ersten Brief an die christliche Gemeinde in Korinth alle deren Mitglieder als „Heilige". Damit kann er aber nur ihre Berufung gemeint haben. Denn ihre Lebensweise geißelt er in den Kapiteln 5 und 6 seines Briefes auf das Schärfste. Nach heutigem, insbesondere katholischem Verständnis „sind Heilige alle mit Christus vereinten Verstorbenen, die nachweisbar (→ Kanonisation) in besonderem Maße in ihrem Leben die Forderungen der christlichen Tugend erfüllt haben und nun im Namen der Kirche verehrt werden dürfen" [46]. Doch katholische Kanonisation ist nicht unser Auswahlkriterium. Heilige gibt es in allen Konfessionen. Ihrer wird an Allerheiligen, dem 1. November, gedacht.

Die im Weiteren berichteten Gotteserfahrungen von Heiligen aus Spanien, Frankreich und Deutschland vollziehen sich auf mystischem Wege. Diesen Weg eröffnen Verhaltensweisen und Techniken, die dem Leerwerden von allen Gedanken und Wünschen dienen.[5] So grundverschieden sie von den in Kap. 3 beschriebenen Methoden der Naturerkenntnis sind, so streng wie diese erfordern sie Disziplin.

Spanien   Die Allerkatholischsten Könige Spaniens beherrschten in der ersten Hälfte des 16. Jahrhunderts, teils in Personalunion mit dem Kaisertum des Heiligen Römischen Reiches Deutscher Nation, einen großen Teil der Alten und der gerade entdeckten Neuen Welt. In ihrem Reich ging die Sonne nicht unter – und zu ihrer Zeit zerbrach unter den Schlägen der Reformation die Einheit der abendländischen Christenheit. Die weltliche Macht der katholischen Kirche hatte ihren Höhepunkt erreicht. Nunmehr begann ihr Niedergang. Und während sich die Kirche laut und heftig mit weltlichen Waffen dagegen wehrte, erwuchsen ihr in der Stille des Karmel und eines Krankenlagers neue geistige Kräfte, die den Menschen der Neuzeit Erfahrungswege zu Gott wieder erschließen. Die Rede ist von Teresa von Avila, die man wohl als die Mutter der modernen christlichen Mystik bezeichnen darf, und von Ignatius von Loyola, der die Gesellschaft Jesu gründete, um Wissen und Handeln in soldatischer Zucht und Strenge in den Dienst Gottes und den Nutzen des Nächsten zu stellen.

Teresa von Avila: Gott als Freund erfahren *Teresa von Avila* wurde 1515 geboren als Tochter eines zum Christentum konvertierten jüdischen Vaters und einer Mutter aus

---

[5] Eine Anleitung zur Meditation gibt [64].

altspanischem Adel. Sie trat 1535 in das Karmelitinnenkloster von Avila ein, u. a. aus Angst vor der Ehe und der damit verbundenen Diskriminierung der Frau.[6] Ein Jahr später erkrankte sie scheinbar hoffnungslos, fiel 1539 für fast vier Tage in ein todesähnliches Koma und war noch Jahre danach gehbehindert. 1554 erfolgte die Wende in ihrem Leben, die sie selbst als ihre Bekehrung bezeichnete und in der sie sich endgültig für ein inneres Leben entschied. Schon vorher geschah ihr öfters, was man „außerordentliche Phänomene der Mystik" nennt, wie Levitation aus der Kraft innerer Erfahrung. Diese Phänomene waren ihr peinlich und sie kämpfte dagegen an. Ab 1560 gründete sie zahlreiche Reformklöster, teils unter schweren Anfeindungen durch Ordensleute und Laien. Dabei halfen ihr ihre nüchterne Tatkraft und ihr Humor. In ihrer 1562 vollendeten Selbstbiografie beschrieb sie ihre mystischen Erfahrungen und Visionen. Weitere Schriften zum geistlichen Leben folgten bis zu ihrem Tod am 4. Oktober 1582. [47, 48]

„Man wird in der gesamten Literatur wenige Menschen finden, denen die Synthese von Schreiben und Erfahrung, von Reflexion und Leben, von Theorie und Biographie so sehr gelungen ist, wie der Kirchenlehrerin der Mystik, Teresa von Avila." [49] Teresa kennzeichnete den Kern ihrer Erfahrung im innerlichen Gebet als „Gespräch mit einem Freund, mit dem wir oft und gern allein zusammenkommen, um mit ihm zu reden, weil wir sicher sind, dass er uns liebt". Die dabei gewonnene innere Ruhe und Sicherheit spricht aus ihrem Gedicht [50]:

---

[6] http://www.heiligenlexikon.de/BiographienT/Teresa_von_Avila.htm.

Nada de turbe,	Nichts soll dich stören,
nada te espante,	nichts dich erschrecken,
todo se pasa,	alles vergeht,
Dios no se muda	Gott ist stets da,
la paciencia	und die Geduld
todo lo alcanza;	erreicht was besteht;
quien a Dios tiene	Wer Gott sein Eigen nennt
nada le falta:	hat keinen Mangel:
solo Dios basta.	Gott nur genügt.

Ignatius von Loyola: Gott finden in allen Dingen *Ignatius von Loyola* (1491–1556) entstammte einer baskischen Adelsfamilie. 1517 trat er als Offizier in den Dienst des spanischen Vizekönigs von Navarra. Er war ein tapferer Soldat, der amouröse Abenteuer und das Glücksspiel liebte. Bei der Verteidigung Pamplonas gegen die Franzosen wurde sein Bein am 20. Mai 1521 von einer Kanonenkugel zerschmettert. Während der langen Genesungszeit zu Hause auf dem Schloss von Loyola las er in Ermangelung der von ihm so geliebten Ritterromane religiöse Schriften, die ihn beeindruckten. Mystisches Erleben führte zu tiefem innerem und äußerem Wandel. Nach seiner Genesung verbrachte er ab März 1522 bei Manresa ein Jahr in Einsamkeit, äußerster Armut und ständigem Gebet. Es folgten eine Pilgerfahrt nach Jerusalem und erste Studien in Spanien. Im Jahr 1528 immatrikulierte er sich an der Universität Paris, wo er Philosophie und Theologie studierte. „Ziel seiner Studien war, ,den Seelen zu helfen'. . . . 1534 gründete er mit Petrus Faber, Franz Xaver, Rodriguez, Laynez, Salmeron und Bobadilla auf dem

Montmartre in Paris eine fromme Bruderschaft mit den Ge-
lübden der lebenslangen Armut und Keuschheit .... . Sie
gelobten, ‚uns in Armut dem Dienst Gottes, unseres Herrn,
und dem Nutzen des Nächsten zu widmen, indem wir pre-
digen und in den Spitälern dienen.' ... diese Aktivität rief
die Inquisition auf den Plan ... mit dem Verdacht, er sei
Anhänger Martin Luthers. Verhaftung und Verhöre folgten,
die Ignatius unbeschadet überstand ... schließlich (erfolgte) auch ein Freispruch .... . Im Jahr 1535 endeten seine
Studien in Paris. Mit seinen sechs Gesinnungsgenossen ging
er nach Venedig, wo er und diese 1537 zu Priestern geweiht
wurden."[7] „1539 gab sich die Gemeinschaft den Namen der
‚Compañia de Jesús', der Gesellschaft Jesu, am 27. September 1540 erfolgte die Approbation des Ordens durch den
Papst für zunächst 60 Mitglieder, am 22. April 1541 legten
Ignatius und seine Gefährten in St. Paul vor den Mauern
in Rom die Professgelübde ab, nur zögernd willigte Ignatius
in seine Wahl zum Ordensoberen ein. In 15 Jahren baute
er den Orden als weltweite Organisation auf als ein unver-
gleichlicher Stratege und Diplomat, aber auch als ein von
Glut brennender *homo religiosissimus*, als papsttreuer Vasall
und General, als ein Erneuerer der Kirche und als Wissen-
schaftsorganisator, der um die Bedeutung von Bildung und
Wissenschaft wusste, ohne selbst als Wissenschaftler reüs-
sieren zu wollen, ein Mystiker und Mann der Tat, dem es
gelungen war, in allen Dingen Gott zu suchen und zu finden. Ihm war es gelungen, den Dienst am konkreten Werk in
Sachtreue und mystischer Frömmigkeit zu tun. Ungezählte

---

[7] http://www.kathpedia.com/index.php?title=Ignatius_von_Loyola.

Jesuiten werden daraus die Sinnhaftigkeit ihres Tuns etwa als Lehrer in Schulen, Professoren der Physik, Mathematik und Astronomie erkennen lernen."[8] Am 31. Juli 1556 verstarb in Rom der Gründer der Gesellschaft Jesu. Diese verfügte bei seinem Tod bereits über 1000 Ordensangehörige.

1537 auf dem Weg nach Rom sah er in der Vision von La Storta „wie Gott der Vater ihn Christus Seinem Sohn zugesellte". Ihm, der zu „diesen Zeiten … eine so große Liebe zu Jesus … verspürte", stellte sich einmal auch „im Verstand mit großer geistlicher Fröhlichkeit die Weise dar, in der Gott die Welt erschaffen hatte. Es schien ihm, er sehe etwas Weißes, woraus einige Strahlen hervorgingen, und dass Gott daraus Licht machte." [51] Diese Vision passt zum Urknall, wie er in Abschn. 3.2.3 beschrieben wird.

Frankreich   Im 19. Jahrhundert war Frankreich immer noch die intellektuell und militärisch führende Macht Kontinentaleuropas. Was in Frankreich geschah, bewegte auch die übrige Welt. Ein Laizismus, der überzeugt war, dass die naturwissenschaftlich-aufklärerische Vernunft, deren Kult während der Französischen Revolution in entweihten christlichen Kirchen gefeiert wurde, der Gesellschaft am besten diene, rang mit einem rückwärts gewandten Katholizismus, der nach der Machtergreifung Napoleons, und erst recht nach dessen Sturz, in der monarchischen Restauration wieder erstarkte. Während dieses Machtkampfes erwachte aus Anfängen, die das Kleine und Geringe suchten, eine neue christliche Spiritualität, die seitdem in die moderne Welt

---

[8] http://www.ingolstadt.de/stadtmuseum/scheuerer/ausstell/sj-ignat.htm.

ausstrahlt. Durch sie wird die heute arme französische Kirche zum Vorbild für reichere Kirchen der Industrieländer. Zwei Gestalten lebten diese Spiritualität vor: eine jungverstorbene Nonne und ein draufgängerischer Offizier, der das Abenteuern gegen das Dienen eintauschte.

Therese von Lisieux: der kleine Weg *Therese von Lisieux* (1873–1897) wollte schon als Fünfzehnjährige, von ihrer Familie unterstützt, in den Karmelitenorden eintreten. Ihre Aufnahmegesuche wurden jedoch mehrfach abgelehnt, unter anderem wegen ihres jugendlichen Alters. Erst nachdem Bischof Hugonin von Bayeux eine Dispens gewährt hatte, folgte sie ihren Schwestern Pauline und Marie in den Karmel von Lisieux. Als Ordensnamen wählte sie Thérèse de l'enfant Jesus (Therese vom Kinde Jesus). Thérèse sah ihren Lebensweg als einen Weg der Hingabe an Gott und die Mitmenschen, die sich gerade in den kleinen Gesten des Alltags äußere (ihr sogenannter „kleiner Weg" der Liebe). Ihr eigenes Leben war die unauffällige, von der Welt kaum bemerkte Existenz einer in strenger Klausur lebenden Ordensfrau. Nach ihrem Tod verbreitete sich ihr Ruf als einer der größten Heiligen, da unzählige Menschen ihrer Fürbitte Gebetserhörungen zuschrieben. Ihrer Daseinsauffassung, dass sie den Himmel damit verbringen werde, Gutes für die Erde zu tun, fördert eine dynamische und vitale Auffassung von der ewigen Bestimmung des Menschen. Sie hat den Gedanken der Gotteskindschaft auf eine Art und Weise aktualisiert, die viele Millionen Menschen nachhaltig fasziniert hat. Papst Pius XI. nannte sie „den Stern" seines Pontifikats.

Ihre Lebensgeschichte, die sie auf Anordnung ihrer Priorin niederschrieb, wurde unter dem Titel „Geschichte einer Seele" (*L'histoire d'une âme*) zwei Jahre nach ihrem Tod veröffentlicht und ist das nach der Bibel meistgelesene spirituelle Buch in französischer Sprache überhaupt.[9] Mit 24 Jahren starb sie am 30. September 1897 an Tuberkulose.

„Was soll man über sie berichten?" meinte eine ihrer Mitschwestern. Man weiß nichts Besonderes. Therese hatte sich selbstverständlich, der Tradition der Karmelitinnen folgend, mit den Schriften ihrer Ordensmutter Teresa von Avila befasst, sich aber weitgehend davon distanziert und eine kritische Ansicht zur Mystik vertreten. Dies geschah im Bewusstsein ihrer eigenen Sendung: des ihr aufgetragenen „kleinen Weges" zur Heiligkeit, eines Weges, der allen offenstehen soll. Von ihren eigenen Erfahrungen im Zustand des Leidens und Glaubensdunkels hat sie selten gesprochen. Kurz vor ihrem Tod berichtete sie über die ihr am Dreifaltigkeitsfest 1895 geschenkte Erfahrung: „Ich begann, meinen Kreuzweg zu beten. Da wurde ich plötzlich von einer so heftigen Liebe für … Gott ergriffen, dass ich nur sagen kann: es war, als hätte man mich ganz und gar in Feuer getaucht. Oh! Welche Glut und welche Süßigkeit! Ich brannte vor Liebe, und ich fühlte, dass ich diese Glut nicht eine Minute, nicht eine Sekunde länger hätte ertragen können, ohne zu sterben. Damals habe ich verstanden, was die Heiligen von diesen Zuständen sagen, die sie so oft erfahren haben. Ich habe das nur ein einziges Mal erfahren und nur einen

---

[9] http://de.wikipedia.org/wiki/Therese_von_Lisieux.

Augenblick lang, dann bin ich sogleich in meine gewohnte Trockenheit zurückgefallen." [52]

Charles de Foucauld: vom Lebemann zum armen Diener

Wie Ignatius von Loyola begann *Charles (Eugene Vicomte) de Foucauld* (1858–1916), Spross einer der reichsten Adelsfamilien Frankreichs, als Offizier. Zudem sorgte er als Lebemann und Frauenheld für Skandale. Ausgebildet in der elitären Offiziersschule Saint-Cyr zum Dienst in der französischen Armee nahm er 1880 an einem Feldzug in Algerien teil. Dort nahm er die Würde und Schönheit des Islam und der Wüste wahr, er lernte Arabisch und las den Koran. Nachdem er wegen seiner Lebensführung aus der Armee entlassen worden war, durchquerte er 1885 die südalgerische Wüste. Er war durch den Anblick betender Moslems so beeindruckt, dass er sich zu ernstem Christentum bekehrte. Nach Stationen in einem syrischen Trappistenkloster und einem Dienerleben in äußerster Armut bei den Clarissen in Nazareth ließ er sich als Einsiedler im algerischen Hoggar-Gebirge inmitten der Tuareg nieder. Ab 1905 lebte er in Tamanrasset in einer Hütte aus Lehm und Schilf, weit weg von jeder Zivilisation in völliger Abgeschiedenheit. Er wollte durch sein Vorbild eines exemplarischen Christseins wirken, nicht durch missionarische Einflussnahme: „Ich bin nicht hier, um die Tuareg zum Christentum zu bekehren, sondern um zu suchen, sie zu verstehen. Ich bin überzeugt davon, dass Gott uns alle empfangen wird, wenn wir es verdienen." Die Tuareg verehrten ihn bald als „großen Marabut". Er erforschte ihre Sprache, hinterließ das bislang beste Wörterbuch, sammelte Texte, Gedichte und Sprichwörter der Tuareg. 1916 schlugen die Wirren des 1. Weltkrieges Wellen bis in die Sahara; Charles wollte sich nicht in Sicherheit bringen, sondern bei den Dorfbewohnern bleiben. Er wurde während eines Überfalls von aufständischen Senussi erschossen.[10]

Seine Bekehrung zum Christentum hatte ihn wie ein Blitz getroffen. Im Rückblick auf diese Stunde schreibt er: „. . . da hast du mir alle Güter geschenkt, mein Gott." Vorangegangen war dem ein Suchen, das er in die Worte gefasst hatte: „Mein Gott, wenn es dich gibt, lass mich dich erkennen!" Doch trotz des blitzartigen Beschenktwerdens in seiner Bekehrung durchlitt auch er lange Zeiten großer Trockenheit. Seinem Einsatz gegen Sklaverei und anderes Unrecht in französisch Algerien hat das keinen Abbruch getan. [53]

Deutschland   Im Dreißigjährigen Krieg war das „Heilige Römische Reich Deutscher Nation" durch die verhängisvolle Verbindung von religiösen und politischen Machtkämpfen so verwüstet und politisch geschwächt worden, dass die Deutschen bis in die Mitte des 19. Jahrhunderts im Konzert der europäischen Mächte nur im Gegeneinander und Miteinander von Preußen und Österreich eine Rolle spielten. Im Zuge der von England übernommenen und dann sehr erfolgreich weiterentwickelten Industriellen Revolution erstarkten Preußen und viele deutsche Klein- und Mittelstaaten wirtschaftlich so sehr, dass nach ihrer Vereinigung am Ende des deutsch-französischen Krieges 1870/71 im Deutschen Kaiserreich eine wirtschaftliche und

---

[10] www.heiligenlexikon.de/BiographienC/Charles_de_Foucauld.htm.

militärische Macht in der Mitte Europas entstand, die England, Frankreich und Russland zu deren Missfallen in Sachen Weltgeltung in nichts nachstehen wollte. Deutschland verbündete sich mit Österreich-Ungarn. Nach der Ermordung des österreichisch-ungarischen Thronfolgers in Sarajewo stolperte Europa 1914 in seine Urkatastrophe, den Ersten Weltkrieg. Dieser Krieg bereitete in Deutschland den Nährboden, auf dem das Monster Nationalsozialismus gedieh. Hitler brach den Zweiten Weltkrieg vom Zaun. Darin, und schon vorher, begingen die Nationalsozialisten in wahnsinniger rassistischer Überheblichkeit die scheußlichsten Verbrechen der Menschheitsgeschichte. Zwei der deutschen Opfer sind die Ordensfrau jüdischer Abstammung Edith Stein und der evangelische Pastor Dietrich Bonhoeffer. Edith Stein hat ihre Gotteserfahrung bezeugt, Dietrich Bonhoeffer lässt die seine nur ahnen. In der Gewissheit ihres Glaubens lebten sie und andere Christen gegen den braunen Terror und wurden von ihm verschlungen. Doch vielleicht verdankt das besiegte deutsche Volk seine schnelle Wiederaufnahme in die Völkerfamilie nicht nur den wirtschaftlichen, militärischen und geopolitischen Umständen nach 1945, sondern auch der Fürsprache seiner Märtyrer.

Edith Stein: vom Atheismus zur Mystik und in den Holocaust *Edith Stein* (1891–1942) entstammte einer gläubigen jüdischen Breslauer Familie. Nach ihrem 15. Lebensjahr bezeichnete sie sich als Atheistin. Sie studierte ab 1911 Psychologie, Philosophie, Germanistik und Geschichte in Göttingen und Breslau. 1915 arbeitete sie als Freiwillige in einem Lazarett des 1. Weltkrieges. 1916 promovierte sie „*summa cum laude*" bei Edmund Husserl in Freiburg über das Thema „Einfühlung" und wurde Assistentin des berühmten Philosophen. Sie erstrebte einen ethischen Idealismus und erwartete von der Wissenschaft Auskunft auf die letzten Fragen. Obwohl sie zu den großen philosophischen Begabungen ihrer Generation zählte, verwehrte man ihr als jüdischer Frau die Habilitation. 1922 konvertierte sie nach der Lektüre der Biografie der Teresa von Avila zur katholischen Kirche. Vorangegangen waren Begegnungen mit Wissenschaftlern wie Adolf Reinach und Max Scheler, deren vom Glauben geprägtes Verhalten ihr, in ihren Worten, einen „Blick in eine ganz neue Welt" eröffnete [54]. 1932 wurde sie Dozentin am Lehrstuhl für wissenschaftliche Pädagogik in Münster. 1933 trat sie in Köln in den Karmelitenorden ein und nahm den Ordensnamen Teresia Benedicta vom Kreuz an. Am 7. August 1942 wurde sie nach Auschwitz verschleppt und dort zusammen mit ihrer Schwester in der Gaskammer ermordet.

Während die Hinwendung zu Gott bei Charles de Foucauld in einem Augenblick erfolgte, vollzog sie sich bei Edith Stein in Lebenskrisen. Ihre Erfahrungen fasste sie 1937 zusammen in den Worten: „Je höher die Erkenntnis ist, desto dunkler und geheimnisvoller ist sie, desto weniger ist es möglich, sie in Worte zu fassen. Der Aufstieg zu Gott ist ein Aufstieg ins Dunkel und Schweigen."[11]

---

[11] www.heiligenlexikon.de/BiographienE/Edith_Stein.html.

Dietrich Bonhoeffer: aus Universität und Seelsorge in den Widerstand und das Martyrium im KZ *Dietrich Bonhoeffer* (1906–1945) wurde wie Edith Stein in Breslau geboren und wie sie von den Nazis ermordet. Er begann 1923 das Studium der Theologie in Tübingen, setzte es in Rom und Berlin fort, promovierte 1927 und habilitierte sich 1930. Daran schloss sich ein einjähriger Studienaufenthalt am Union Theological Seminary in New York an. Von 1931 bis 1933 lehrte er als Privatdozent an der Berliner Universität und nahm an verschiedenen internationalen kirchlichen Konferenzen teil. Im Sommer 1933 gab er seine Lehrtätigkeit auf. Von Oktober 1933 bis April 1935 war er in der deutschen Gemeinde in London tätig; von hier aus pflegte er ökumenische Kontakte und informierte über die Vorgänge in Deutschland nach der Machtübernahme durch die Nazis. 1935 kehrte er auf Bitten der Bekennenden Kirche nach Deutschland zurück und übernahm die Leitung des Predigerseminars der Evangelischen Kirche von Berlin-Brandenburg in Finkenwalde bis die Geheime Staatspolizei das Seminar schloss und 27 ehemalige Seminaristen in Haft genommen wurden. Bonhoeffer knüpfte erste Kontakte zu den Widerständlern Sack, Oster und, indirekt, Canaris und Beck. Während der Sudetenkrise beteiligte er sich an Umsturzplänen. Eine Amerikareise im Frühsommer 1939 brach Bonhoeffer vorzeitig ab, um vor Kriegsausbruch nach Berlin zurückzukehren und am deutschen Geschick teilzuhaben. 1940 wurde ein Rede- und Schreibverbot gegen ihn verhängt. Er schloss sich dem Widerstandskreis um seinen Schwager Hans von Dohnanyi an, beteiligte sich aktiv und wurde Verbindungsmann der militärischen Abwehr unter Admiral Canaris. Sein spezieller Auftrag war, über seine ökumenischen Verbindungen die Westmächte über Fortgang, Pläne und Möglichkeiten der Widerstandsbewegung zu informieren, sie vom Friedenswillen einer neuen Regierung nach Hitlers Sturz zu überzeugen und sie für diesen Fall akzeptablen Waffenstillstandsbedingungen geneigt zu machen. Im Januar 1943 verlobten sich Dietrich Bonhoeffer und Maria von Wedemeyer, im April wurde er verhaftet und ins Wehrmachtsgefängnis Berlin-Tegel eingeliefert. Nach dem fehlgeschlagenen Attentat auf Hitler vom 20. Juli 1944 bewies ein Aktenfund seine Teilnahme am Widerstand, im Oktober 1944 wurde er in den Gestapo-Bunker in der Albrechtstraße in Berlin verlegt, im Februar 1945 ins KZ Buchenwald und von dort ins KZ Flossenbürg, wo er am 8. April ankam. Hitler persönlich hatte am 5. April 1945 den Befehl zur Vernichtung der Widerstandsgruppe in der militärischen Abwehr erlassen. Am 9. April wurde Bonhoeffer zusammen mit Hans Oster, Karl Sack, Wilhelm Canaris, Theodor Strünck und Ludwig Gehre im KZ Flossenbürg hingerichtet [55].

Bonhoeffers Elternhaus repräsentierte beste deutsche Bildungselite. Der Vater Karl Bonhoeffer war einer der führenden deutschen Psychatrie-Professoren. Der älteste Bruder Karl-Friedrich übernahm als Physik-Professor das naturwissenschaftliche Erbe des Vaters und dessen vorsichtigen Agnostizismus. Der zweite Bruder, Walter, fiel neuzehnjährig im 1. Weltkrieg. Bruder Klaus wurde Jurist und Syndikus bei der Lufthansa, aktiv im Widerstand gegen Hitler und am 22. April 1945, zusammen mit seinem Schwager Rüdiger Schleicher, von einem Sonderkommando des Reichssicherheitshauptamts in Berlin erschossen. Die Schwester Ursula war mit dem Juristen Schleicher, die Schwester Christine mit dem Reichsgerichtsrat, Mitarbeiter von Canaris im Widerstand und am 9. April 1945 im KZ Sachsenhausen ermordeten Hans von Dohnanyi verheiratet. Die Schwester Sabine emigrierte mit ihrem Mann, dem Staatsrechtler jüdischer Abstammung Gerhard Leibholz, nach England. Die jüngste Schwester Sabine heiratete den Theologen Walter Dreß. Die Mutter Paula Bonhoeffer, geb. von Hase, hatte es in ihrer Jugend mit einem damals schockierenden Bedürfnis nach Selbständigkeit erreicht, das Lehrerinnenexamen ablegen zu dürfen. Sie unterrichtete ihre Kinder daheim und führte sie mit besten Erfolgen den staatlichen Prüfungen am Jahresende zu. Den großen Haushalt regierte sie souverän. Große Gefühle, auch fromme Gefühle zu haben und sie auch auszudrücken, erlaubte sie sich in aller Freiheit [56].

Dietrich Bonhoeffers Familie war geprägt von geistiger Disziplin, emotionaler Wärme und mutiger Tatkraft. Von ihr getragen entwickelte er sich zu einer wachen, weltläufigen Persönlichkeit mit scharfem Verstand und glänzenden Aussichten in der universitären Theologie. Doch der nationalsozialistische Zivilisationsbruch in Hitler-Deutschland führte ihn, der noch 1930 als Pazifist in seinem Umfeld eher eine Außenseiterposition eingenommen hatte, in die Bekennende Kirche, den Widerstand gegen Hitler und die Zustimmung zum Tyrannenmord. Hans von Dohnaniy fragte ihn eines Abends, „wie es denn mit dem neutestamentlichen Wort stünde, dass, wer das Schwert nimmt, auch durch das Schwert umkommen werde. Bonhoeffer antwortete ihm damals, dass dieses Wort gültig sei und auch ihrem Kreis gelte: wir müssen akzeptieren, dass wir dem Gericht verfallen; aber solcher Menschen bedarf es nun, die die Geltung dieses Wortes auf sich nehmen." [57] In Wort und Leben bezeugte Bonhoeffer, dass „Kirche nur dann Kirche ist, wenn sie für andere da ist."[12] Für heutige Christen ist er vielleicht das größte Vorbild.

Bonhoeffer begann etwa um 1930 damit, den Tag mit einer 45-minütigen „stillen Zeit" zu eröffnen, in der er über einem Bibelwort meditierte und sich fragte, was ihm Jesus Christus damit „heute" sagen wolle. Es wurde auch über ein „Bekehrungserlebnis" (um 1930) spekuliert, zu dem es Andeutungen in Bonhoeffers Korrespondenz gibt. Er hat aber darüber nie direkt gesprochen.[13] Wie auch immer, das folgende Zeugnis genügt. Aus dem Gestapo-Gefängnis schickte Bonhoeffer einen auf den 19. Dezember 1944 datierten Brief an seine Verlobte. Beigefügt waren „ein paar Verse, die mir in den letzten Abenden einfielen" als „Weihnachtsgruß für Dich und die Eltern und Geschwister":

Von guten Mächten treu und still umgeben,
Behütet und getröstet wunderbar,
So will ich diese Tage mit euch leben
Und mit euch gehen in ein neues Jahr.

Noch will das alte unsre Herzen quälen,
Noch drückt uns böser Tage schwere Last.
Ach, Herr, gib unsern aufgescheuchten Seelen
Das Heil, für das du uns bereitet hast.

---

[12] www.heiligenlexikon.de/BiographienD/Dietrich_Bonhoeffer.htm.
[13] Hans Sillescu, private Mitteilung; s. auch [55].

Und reichst du uns den schweren Kelch, den bittern
Des Leids, gefüllt bis an den höchsten Rand,
So nehmen wir ihn dankbar ohne Zittern
Aus deiner guten und geliebten Hand.

Doch willst du uns noch einmal Freude schenken
An dieser Welt und ihrer Sonne Glanz,
Dann wolln wir des Vergangenen gedenken
Und dann gehört dir unser Leben ganz.

Lass warm und still die Kerzen heute flammen,
Die du in unsre Dunkelheit gebracht.
Führ, wenn es sein kann, wieder uns zusammen.
Wir wissen es, dein Licht scheint in der Nacht.

Wenn sich die Stille nun tief um uns breitet,
So lass uns hören jenen vollen Klang
Der Welt, die unsichtbar sich um uns weitet,
All deiner Kinder hohen Lobgesang.

Von guten Mächten wunderbar geborgen,
Erwarten wir getrost, was kommen mag.
Gott ist mit uns am Abend und am Morgen
Und ganz gewiss an jedem neuen Tag.

2.2.2 Zeitgenossen – in Leere und Dunkelheit

Nicht nur zum geistlichen Leben berufene Menschen, sondern auch Zeitgenossen, die ihr Leben lang profanen
Beschäftigungen nachgehen, können Begegnungen erfahren mit einem Du, das alles Menschliche übersteigt. Das

zuvor notwendige Leerwerden und Loslassen wird durch besondere Lebensumstände begünstigt.

„Ich bin dann mal weg", nennt der Fernsehunterhalter *Hape Kerkeling* die Beschreibung seiner Erfahrungen während der über 600 km langen Fußwanderung auf dem Jakobsweg nach Santiago de Compostela im Jahr 2001 [58]. Dazu gehörte auch das Wandern mit einer englischen Biologin, der als Pilger getarnte Schürzenjäger schon des Öfteren zu nahe getreten waren. Auf ihrem über längere Strecken gemeinsamen Weg gab er, als er wieder einmal ihr Misstrauen gegenüber seiner Freundlichkeit spürte, die Erklärung ab: „*Listen Anne, I don't want to have sex with you. I am gay!*" Damit begann eine fröhliche Freundschaft. Wenige Tage zuvor war ihm noch Beglückenderes geschehen. Er hatte, alleine wandernd, nach mehr als 20 km auf der Mauer einer alten Grundschule in krakeliger Kinderschrift die Worte ‚Yo y Tu' (‚Ich und Du') gesehen und war danach schweigend, ohne zu denken, noch 12 Kilometer gegangen. Am Ende dieses Tages schrieb er in sein Tagebuch: „Meine Erkenntnis des Tages kann ich erst morgen formulieren. Denn eigentlich ist sie unsagbar. Ich habe Gott getroffen!" Während des folgenden Ruhetages in Astorga fährt er fort: „Das, was ich gestern erleben durfte, kann ich weder erzählen noch aufschreiben. Es bleibt unsagbar. Schweigend und ohne Gedanken zwölf Kilometer zu laufen, kann ich nur jedem empfehlen. . . . Ja, und dann ist es passiert! Ich habe meine ganz persönliche Begegnung mit Gott erlebt. ‚Yo y Tu' war die Überschrift meiner Wanderung und das klingt für mich auch wie ein Siegel der Verschwiegenheit. In der Tat, was dort passiert ist, betrifft nur mich und ihn. . . . Um Gott zu begegnen, muss man vorher eine Einladung an ihn aussprechen, denn ungebeten kommt er nicht. Auch eine Form von gutem Benehmen. Wir haben die freie Wahl. Zu jedem baut er eine individuelle Beziehung auf. Dazu ist nur jemand fähig, der wirklich liebt. . . . Totale gelassene Leere ist der Zustand, der ein Vakuum entstehen lässt, das Gott dann entspannt komplett ausfüllen kann. Also Achtung! Wer sich leer fühlt, hat eine einmalige Chance im Leben! Gestern hat etwas in mir einen riesigen Gong geschlagen. Und der Klang wird nachhallen. . . . Ich weiß, der Klang wird langsam leiser werden, aber wenn ich die Ohren spitze, werde ich diesen Nachhall noch sehr lange wahrnehmen können." [59]

Seine intime persönliche Begegnung mit Gott behandelt Kerkeling diskret. Einzelheiten gibt er nicht preis. Wer anonym bleibt, kann deutlicher werden. Dazu abschließend zwei weitere Berichte von Zeitgenossen.

Ein Alter: „Als ich von einer schweren Krankheit überfallen wurde und in der Nacht mit Schmerzen und Todesangst kämpfte, suchte ich Zuflucht in der Meditation, wie ich sie vor vielen Jahren bei den Benediktinern gelernt hatte: Zwerchfellatmung im Rhythmus des inneren Sprechens von ‚Loslassen, Niederlassen, Einswerden, Neuwerden'. Die Hirnschale sank in die Tiefe und tauchte ein in die dunkle Wolke. Die Wolke wich, und ich stand vor dem dunklen Todestor. Bevor der Schrecken übergroß wurde, erglühte Es darin verstreut und dunkelrot: ‚Ich bin da'. Ich wusste: Je mehr ich loslasse, desto heller wird das Licht werden. Doch ich blieb, wo ich war. Tor und Licht versanken. Ich tauchte wieder auf. Die schreckliche Angst vor dem Tod war gewichen. Geblieben ist die zuversichtliche Hoffnung, dass, wie immer auch alles enden mag, es gut sein wird."

Ein Junger: „Eines Abends suchte ich in der Meditation Zuflucht vor dem Zorn und der Trauer, die mich wegen eines anderen Menschen zugefügten schweren Unrechts erfüllten. Nach dem Hinabsinken in eine Finsternis großer Verlassenheit strahlte plötzlich links oben ein goldenes Licht auf, das pulsierend auf mich zuwuchs. Im Augenblick der Berührung durchströmte mich ein Gefühl solcher Süßigkeit und Liebe, wie ich es vorher und nacher nie mehr erlebt habe. Als meine Neugier sich regte und ich die Erscheinung fassen wollte, löste sich alles auf."

Die Erfahrungen der Zeitgenossen bestätigen, was *Josef Sudbrack* von den Großen der Mystik schreibt: „Für den christlichen – und allgemeiner gesagt – für den wahren Gottesmystiker ist dies Kern seines Erlebens: Dieser Gott, den ich da erfahre, ist so anders, ist so frei, ist so übersteigend, dass ich ihn niemals, durch keine noch so tiefe Erfahrung, festhalten kann und festhalten darf." [60]

2.2.3 Grenzgänger zwischen christlicher und fernöstlicher Mystik

Neben der Begegnung mit einem – alles Menschliche übersteigenden – liebenden, tröstenden, personalen Du gibt es auch die Erfahrung des überwältigenden unpersönlichen Einsseins mit Allem.

In großen japanischen Hotels liegen in den Nachttischkästen die von den Gideons ausgelegte Bibel und daneben ein Buch mit Buddhas Lehre. Die vergleichende Lektüre zeigt verblüffende Übereinstimmungen der ethischen Empfehlungen. Auch die kontemplative Versenkung in die Leere von allen Gedanken und Wünschen ist christlichen Mystikern und denen anderer Religionen, inbesondere Zenbuddhisten, gemeinsam.

In seinem viele Erkenntnisse der modernen Physik reflektierenden Werk „Suche nach Gott auf den Wegen der Natur" schreibt *Alexandre Ganoczy*: „Ein merkwürdiger Kreislauf tut sich auf: Westliche Physiker landen bei Zen[14] und Zen verweist auf christliche Mystik." [61] Der von ihm viel und kritisch zitierte New Age Prophet Fritjof Capra dürfte Anlass für diese Auffassung gegeben haben, vielleicht auch Physiker wie Murray Gell-Mann, die in der Elementarteilchentheorie den Begriff des „Eightfold Way" in Anlehnung an den buddhistischen „Noble Eightfold Path" verwenden. Darüber hinaus weist auch eine der aufrüttelndsten Publikationen des 20. Jahrhunderts, „Die Grenzen des Wachstums" [63], darauf hin, dass die Hinwendung zu einer buddhistischen Spiritualität dazu beitragen könne, dass die Menschheit ihre natürlichen Lebensgrundlagen nicht zerstört. Dennoch ist eine Konzentration westlicher Naturwissenschaftler im Zenbuddhismus nicht festzustellen.

Allerdings scheinen naturwissenschaftliche Erkenntnisse Grenzgänger zwischen christlicher und buddhistischer Mystik auf einen schmalen Grat zu führen, der zwischen den Flanken der Esoterik verläuft.

---

[14] Auch der Psychologe Frido Mann glaubt feststellen zu müssen: „Die klassische Physik wurde von der westlichen Gesellschaft bestimmt. Die Quantenphysik dagegen steht östlichen Denkweisen näher als westlichen." [62] Die Quantenphysik wurde von europäischen Physikern begründet und von ihnen und „westlich" geprägten Forschern weiterentwickelt und angewendet, weil nur sie die mathematisch korrekte Beschreibung von Messergebnissen liefert. Diese Kombination von Messen und Mathematik ist seit Galilei typisch für „westliches" Denken und hat keine Entsprechung in traditionellem „östlichen" Denken und dem Streben nach Erleuchtung.

Der Benediktiner *Willigis Jäger* beschrieb in den 1980er-Jahren im Rückgriff auf Meister Ekkehart und mit Erfahrungsberichten von Menschen unserer Tage den Weg der Kontemplation zur „Gottesbegegnung heute" klar und überzeugend [64]. Der Satz des Vorworts: „Die esoterischen Gruppen schießen wie Pilze aus dem Boden" wie auch der ganze Geist des Buches lassen keinerlei Sympathie für Esoterik erkennen. Doch dann erteilte ihm im Jahr 2001 die vom damaligen Kardinal Joseph Ratzinger geleitete Glaubenskongregation Rede-, Schreibe- und Auftrittsverbot. Jäger bat seine Heimatabtei Münsterschwarzach um Urlaub, der ihm gewährt wurde, und gründete 2003 mit der Unterstützung wohlhabender Gönner das überkonfessionelle spirituelle Zentrum „Benediktushof" in der Nähe Würzburgs. Bei einer Begegnung mit einem Willigis Jäger fördernden Personenkreis fragte mich ein Mitglied, ob ich als Physiker die Beobachtung erklären könne, dass Reis dann am besten schmecke, wenn er in Musik beschalltem Wasser gekocht würde. Nach zwei Stunden und weiteren Äußerungen, die ich nie erwartet hätte, verließ ich die Gesprächsrunde, tief betroffen darüber, dass sich Esoterik im Werk Willigis Jägers breit zu machen scheint. Verstärkt wird dieser Eindruck durch die Ankündigung des Buches „Jenseits von Gott" der Autoren Willigis Jäger und Beatrice Grimm auf der Homepage des „Benediktushofs" Holzkirchen.[15] Darin heißt es: „Wer bin ich in diesem Universum

---

[15] Zugriff 27.08.2012. Am 7. März 2013 berichtete die Würzburger Main-Post auf S. 16 über die Umbauten und Erweiterungen des Meditationszentrums „Benediktushof", dessen 91-jährige Besitzerin Gertraud Gruber eine vermögende Kosmetikunternehmerin und spirituelle Schülerin von Willigis Jäger ist. Zum

mit Milliarden von Galaxien? Was sollen die paar Jahrzehnte meines Lebens in diesem zeitlosen Geschehen? Ich bin eine einmalige, einzigartige Inkarnation des Urgrundes, aus dem alles fließt, ein kurzer Wellenschlag des Ozeans ‚Leerheit‘, ‚Gottheit‘ – wie ich ihn auch nennen mag. ... In diesem Buch fasst Willigis Jäger die wichtigsten Erfahrungen und Erkenntnisse seines spirituellen Lebens und Lehrens zusammen: Die Essenz jenseits dessen, was gedacht werden kann, jenseits dessen, was scheinbar ist, jenseits von Gott. Es ist ihm ein großes Anliegen, Menschen in eine umfassendere Erfahrungsebene ihres Seins zu begleiten. Nur durch den Schritt in diese neue Dimension unseres Menschseins er- hält unsere Spezies eine Chance zu überleben." Schon der Buchtitel „Jenseits von Gott" ist vage, geheimnisvoll, nur für „Erleuchtete". Wenn es Gott gibt, dann ist er in *und* jenseits der Welt. Welchen Sinn macht dann „Jenseits von Jenseits"? Warum hat dieses „Universum mit Milliarden von Galaxien" Willigis Jäger zum Raunen vom „Wellenschlag des Ozeans Leerheit, Gottheit" verführt?

So faszinierend das mit immer genaueren Beobach- tungsmethoden, komplexen Theorien und aufwendigen Computeranalysen der Astrophysik gewonnene Wissen von unserem Universum ist – über Gott sagt es nur aus, dass, wenn es einen Schöpfergott gibt, er das Universum so ge- macht hat, wie es sich uns eben darstellt. Die Beziehung des Menschen zu Gott bleibt davon unberührt. Gleiches gilt für

---

Zweck des Zentrums wird Jäger mit den Worten zitiert: „ Wir eröffnen hier einen Übungsweg, der versucht zu deuten, wer ich bin in diesem Universum mit Milli- arden von Galaxien, welchen Sinn die paar Jahrzehnte meines Lebens haben auf diesem Staubkorn am Rande des Universums."

die Erkenntnisse aller anderen physikalischen und naturwissenschaftlichen Disziplinen. So gibt es Naturwissenschaftler, die an Gott glauben[16] und Gelehrte, die mit der Bibel und Gott ihre Schwierigkeiten haben. Wenden wir uns Letzteren zu.

2.3 Gott und Gelehrte

Gotteserfahrungen reichen, wie wir gesehen haben, bis in unsere Zeit. Mit wissenschaftlichen Methoden können sie freilich nicht nachvollzogen werden. Da der Zweifel zur Wissenschaft gehört, ist es verständlich, dass er auch den Berichten des Neuen Testaments entgegengebracht wird. In der „Nachlese" wird auf exegetisch begründete Zweifel eingegangen. Doch unabhängig davon erheben Geisteswissenschaftler Einwände, die sich auf ein überholtes Physikverständnis stützen. Sie befinden sich damit sogar in der Gesellschaft einiger prominenter Lebenswissenschaftler. Atheistische oder agnostische Physiker hingegen bemühen heutzutage nicht mehr die Physik, wenn sie einem christlichen Physiker erklären, warum sie seinen Glauben nicht teilen. Die folgende Diskussion gelehrter Äußerungen zeigt, so hoffe ich, dass es in Glaubensfragen hilfreich ist, die im Kap. 3 geschilderten Erfahrungen mit der Natur und ihre physikalischen Deutungen zu kennen.

Der evangelische Theologe und Begründer der Entmythologisierung des Neuen Testaments, *Rudolf Bultmann*,

---

[16] Dabei bekennen die einen ihren Glauben so direkt wie in [65], andere so dialektisch wie in [66].

erklärte im Jahre 1941: „Man kann nicht elektrisches Licht und Radioapparat benutzen, in Krankheitsfällen moderne medizinische und klinische Mittel in Anspruch nehmen und gleichzeitig an die Geister- und Wunderwelt des Neuen Testaments glauben. Und wer meint, es für seine Person tun zu können, muss sich klar machen, dass er, wenn er das für die Haltung des christlichen Glaubens erklärt, damit die christliche Verkündigung in der Gegenwart unverständlich und unmöglich macht." [67]

Diese Auffassung scheint immer noch aktuell zu sein. Denn siebzig Jahre später schreibt der katholische Theologe *Christoph Böttigheimer*: „Ein lebendiger Glaube lebt davon, dass sich seine Überzeugungen immer wieder anhand konkreter Erfahrungen bewahrheiten. Besteht der Glaube heute diese Probe? Nicht wenige beantworten diese Frage negativ. Für sie ist Gott in einer durchrationalisierten, von Wissenschaft und Technik beherrschten Welt nicht mehr erfahrbar. Selbst Gläubige, die ihren Glauben intellektuell zu verantworten suchen, nehmen immer mehr bei einem deistischen Gottesverständnis Zuflucht. Demnach wird Gottes Tun auf den Beginn der Schöpfung eingegrenzt, und die Welt bleibt ihren eigenen natürlichen Gesetzen, Funktionen und Mechanismen überlassen, mit der Konsequenz, dass es kein innerweltliches Wirken Gottes mehr geben kann, sondern nur noch den Lauf der Dinge. . . . Nüchtern muss . . . eingeräumt werden, dass die Theologie heute ein punktuelles Handeln Gottes in der Welt nicht erklären kann, ohne mit naturwissenschaftlichen Kenntnissen in Konflikt zu geraten. So überrascht es auch nicht, dass in der gegenwärtigen kirchlichen Verkündigung keine Versuche unternommen werden, dieser Schwierigkeit zu begegnen. Hier bei Floskeln, Phrasen oder gar Paradoxien Zuflucht zu nehmen, wonach Gottes Handeln eben ‚quer' zu allem menschlichen Handeln stünde, stellt keine Lösung dar. . . . solche Formulierungen lassen . . . den Glaubenden mit seiner Frage nach der Glaubwürdigkeit des christlichen Glaubens hilflos zurück und nehmen die Bedeutungslosigkeit des Glaubens für die von den Naturwissenschaften dominierte Lebenswelt in Kauf. . . . Was sagt die Kirche denjenigen, die gerne glauben würden, aber ihr naturwissenschaftliches Denken . . . als unüberwindliches Hindernis empfinden?" [68]

Entsprechend hört der erstaunte Physiker in einer Predigt zur österlichen Auferstehungsmesse, dass der Glaube an die Auferstehung Jesu Christi dem naturwissenschaftlichen Weltbild zwar widerspreche, wir aber dennoch mutig daran glauben sollten.

Wie tief die Verunsicherung gebildeter Christen geht, wenn jemand unter Berufung auf die Naturwissenschaften ihren Glauben angreift, zeigt sich auch daran, dass die Wochenzeitung „Christ in der Gegenwart" die folgenden Einlassungen des Bildungsinformatikers U. Lehnert für berichtenswert hält [69]: „Theologen und Gläubigen wirft Lehnert Inkonsequenz vor, würden doch die meisten Gottgläubigen die Erkenntnisse der Naturwissenschaft zwar akzeptieren, aber eben doch nicht in ihre rationale Denkweise beziehungsweise in ihre Glaubensauffassung einbringen. Man lässt günstigenfalls die Dinge unverbunden nebeneinander stehen, eine Art Zwei-Reiche-Verständnis getrennter Welten. Die Wissenschaft sei das eine, der Glaube das andere. Doch solche Sichtweisen sind letztendlich unbefriedigend." Offenbar sieht Lehnert nicht, dass die Verschiedenheit der Erkennntisbereiche keineswegs unbefriedigend, sondern methodisch bedingt ist. Der Erkenntnisbereich der Naturwissenschaft ist die Energie-Materie-Welt, ihre Erkenntnismethode sind Messen und Zählen. Der Erkenntnisbereich des Glaubens ist das Wirken Gottes, der sich dem Menschen offenbart. Auch hier entsteht Erkenntnis aus Erfahrung, nur eben nicht durch Messen und Zählen, sondern durch Hören in Stille und dem Von-Sich-Weg-Hinschauen auf Gott. Doch der Bildungsinformatiker geht noch weiter: „Lehnert fordert strikt, Abschied zu nehmen von der Vorstellung einer unsterblichen Seele und eines Geistes, die ihren Ursprung in Gott haben und uns mit ihm verbinden." Wie oben gesagt, bezichtigt Lehnert die Christen der Inkonsequenz in rationalem Denken. Fordert er hier als Atheist die „rationale Denkweise" eines Blinden, der die Existenz von Farben bestreitet?

Denn die Naturgesetze sind von anderer Art als so manche Gelehrte denken, die anscheinend immer noch gefangen sind im engen Weltbild der klassischen Physik des 19. Jahrhunderts.

Dies Weltbild hatte der Mathematiker und Physiker *Pierre S. Laplace* (1749–1827) folgendermaßen beschrieben, als er vom Kaiser *Napoleon I.* danach befragt wurde: „Stellen Sie sich einen Dämon vor, der ein so gewaltiges Gehirn besitzt, dass er die Orte und Geschwindigkeiten aller Teilchen im Universum in einem einzigen Augenblick exakt erfassen kann und der außerdem alle Differenzialgleichungen, die die Teilchenbewegungen beschreiben, vollständig lösen kann. Dieser Dämon kennt die gesamte Entwicklung des Universums vom Anfang bis zum Ende bis in die kleinsten Einzelheiten, denn alles ist vollständig durch die Naturgesetze vorherbestimmt." Auf die Frage Napoleons „Und wo bleibt Gott in diesem Universum?", antwortete Laplace: „Sire, diese Arbeitshypothese haben wir nicht mehr nötig."

Doch eben genau dieses Weltbild der klassischen Physik liegt längst in Scherben. Der Laplace'sche Dämon ist tot, oder richtiger gesagt, er hat nie gelebt. Denn seit mehr als einem halben Jahrhundert wissen wir, dass in der Mikrowelt von Elektronen, Protonen, Neutronen, Photonen und anderen Teilchen, die das Universum erfüllen, nicht die deterministischen Gesetze der klassischen Physik gelten, sondern die Unschärferelationen[17] Heisenbergs und die statistischen Gesetze der Quantenphysik. Wir kommen darauf in Abschn. 3.2.2 zurück.

Unabhängig von dem im 20. Jahrhundert gewonnenen erweiterten Verständnis der Naturgesetze hat die Physik für ihre konkreten Forschungen noch nie die Arbeitshypothese „Gott" benötigt. Das ist so klar, dass es schon sehr verwundert, wenn die BBC World News am 21. September 2010 vermeldet: *„Professor Stephen Hawking's declaration last month, that physics no longer has any need for God has been making headlines."* Wenn ein Astrophysiker von schwerem Leiden an den Rollstuhl gefesselt ist, nur über den Computer mit der Außenwelt kommunizieren kann und auf seinem Spezialgebiet wichtige Forschungsbeiträge geleistet hat, kann er offenbar auch mit Trivialitäten die Öffentlichkeit erregen. Denn dass man ohne den Glauben an Gott Physik betreiben kann, ist so selbstverständlich wie die Tatsache, dass man ohne den Glauben an Gott Kartoffeln schälen kann. Besondere Aufmerksamkeit, auch von Theologen, genießt Hawkings Beschäftigung mit „Schwarzen Löchern"

---

[17] Synonym: Unbestimmtheitsrelationen.

– jenen alles verschlingenden „Gravitationsmonstern" im Kosmos, die bei Sternexplosionen entstehen können und in besonderer Größe im Zentrum von Galaxien vermutet werden. Die Exegese von Hawkings Äußerungen über Weltall und Gott hat *Hans Küng* [70] mit großer Sorgfalt betrieben. Wer der Ansicht ist, dass die in Kap. 3 angesprochene, nach Hawking benannte Strahlung Schwarzer Löcher zwar physikalisch interessant ist, Hawkings weltanschauliche Einlassungen hingegen irrelevant sind, wird darin von Küngs Dokumentation Hawking'scher Spekulationen bestärkt.

Unverständlich bleiben dem Physiker auch Probleme, wie sie ein persönlich sehr geschätzter Theologe aufwarf, als er fragte: „Ist unser Wissen um sterneverschlingende Schwarze Löcher und kollidierende Galaxien verträglich mit dem Glauben an einen gütigen Vater, der über alledem waltet?" Gibt es doch keinerlei Hinweise darauf, dass Schwarze Löcher auch Leben bergende Planeten verschlingen, oder dass bei „Galaxiekollisionen", d. h. bei der gegenseitigen Durchdringung zweier Systeme von Sternen in lichtjahreweiten Abständen, ein wie auch immer geartetes Leben zu Schaden kommt. Jedwede Herausforderung des Glaubens durch unser Wissen vom Kosmos verblasst doch vor derjenigen durch Fressen und Gefressen-Werden, Verbrechen und Kriege, Krankheiten und Katastrophen auf dieser unserer Erde.

Das Wissen der modernen Naturwissenschaft dringt nur teilweise in eine breitere Öffentlichkeit. Erfolgreich sind dabei populärwissenschaftliche Publikationen und Vorträge nicht nur von Astrophysikern, sondern auch von Lebenswissenschaftlern im weitesten Sinne. Bei der Erforschung lebendiger Systeme, die weitaus komplexer sind als die unbelebten Systeme der Physik, wurden in letzter Zeit schöne Erfolge gerade auch in quantitativer Hinsicht erzielt. In berechtigtem Stolz darauf glauben nun einige Forscher, dass sie die ganze Wirklichkeit erkannt haben und erklären alles, was ihren Methoden nicht zugänglich ist, als Wahn[18]. Ihr Verhalten ähnelt dabei durchaus dem der Physiker des 19. Jahrhunderts. Nur sieht man heute leichter als damals, wenn Wissenschaftler über das Ziel hinausschießen. So sagt z. B. ein prominenter Hirnforscher, der seine Experimente als Widerlegung der menschlichen Willensfreiheit interpretiert[19], dass alle Lebensvorgänge den Gesetzen der Physik unterworfen sind – was richtig ist, und dass diese Gesetze deterministisch seien – was falsch ist, weil auch für die Elektronen und Moleküle unseres Körpers grundsätzlich die statistischen Gesetze der Quantenphysik gelten; mehr dazu in Abschn. 3.2.2. In biologischen Systemen machen sich diese Gesetze auf Längenskalen kleiner als 10^{-8} Meter und Zeitskalen unterhalb von etwa 10^{-6} Sekunden direkt bemerkbar, und auch noch deutlich darüber hinaus wird quantendynamische Kohärenz beobachtet [71].

Der Umsturz im Weltbild der Physik zu Beginn des 20. Jahrhunderts hat die Physiker hinsichtlich der Tragweite ihrer Erkenntnisse vorsichtig und bescheiden werden lassen. In Gesprächen über Weltanschauliches sind sich Physiker darin

---

[18] Hier tut sich besonders ein Evolutionsbiologe hervor, dessen Bestseller zum „Gotteswahn" anscheinend ernst genommen wird.

[19] Unter seinen Fachkollegen ist diese Interpretation schon aus methodischen Gründen umstritten.

einig, dass im Rahmen ihrer Erkenntnismöglichkeiten religiöse, atheistische und agnostische Einstellungen gleich gut intellektuell verantwortet werden können.

Naturwissenschaftler, die aufgrund ihrer Sozialisation, Lebenserfahrung und anderer, nicht-naturwissenschaftlicher Einflüsse beschlossen haben, dass sie nur derjenige Bereich der Welt interessiert, welcher der naturwissenschaftlichen Erkenntnismethode zugänglich ist, sind Agnostiker. Ein eindrucksvolles Beispiel dafür ist *John Bardeen*, 1908–1992. Er hat als einziger Wissenschaftler zweimal den Nobelpreis im selben Fachgebiet, der Physik, erhalten: 1956 für die Erfindung des Transistors und 1972 für die Theorie der Supraleitung. Dieser geniale, bescheidene Mann, der an wissenschaftlicher Größe Albert Einstein in nichts nachsteht und der unsere technische Welt stärker als jener verändert hat, war ein Agnostiker. In seiner Biografie wird eine seiner seltenen Äußerungen zur Religion wiedergegeben, die er tat, als ihn ein Reporter mit einer religiösen Frage überraschte. Sie stellt für mich die nobelste Beschreibung des agnostischen Standpunkts dar. Bardeen sagte: „*I am not a religious person, and I do not think about it very much. . . . I feel that science cannot provide an answer to the ultimate questions about the meaning and purpose of life. With religion, one can get answers of faith. Most scientists leave them open and perhaps unanswerable, but do abide by a code of moral values. For civilized society to succeed, there must be a common consensus on moral values and moral behavior, with due regard to the welfare of our fellow man. There are likely many sets of moral values compatible with successful civilized society. It is when they conflict that difficulties arise.*" [72] Zu Deutsch: „Ich bin kein religiöser Mensch, und ich denke nicht viel darüber nach. … Ich meine, dass die Naturwissenschaft keine Antwort auf die letzten Fragen nach dem Sinn und Zweck des Lebens geben kann. Von der Religion bekommt man Antworten des Glaubens. Die meisten Naturwissenschaftler lassen diese Fragen offen und betrachten sie als vielleicht unbeantwortbar, aber sie halten sich an einen Kodex sittlicher Werte. Damit eine zivilisierte Gesellschaft erfolgreich bestehen kann, bedarf es allgemeiner Übereinstimmung hinsichtlich sittlicher Werte und sittlichen Verhaltens unter angemessener Beachtung des Wohlergehens unseres Nächsten. Es gibt wahrscheinlich viele sittliche Wertordnungen, auf denen erfolgreiche zivilisierte Gesellschaften beruhen können. Geraten diese Wertordnungen allerdings miteinander in Konflikt, kommt es zu Schwierigkeiten.“

Bardeen wäre es niemals in den Sinn gekommen, den christlichen Glauben als intellektuell nicht verantwortbar zu bezeichnen. Im Gegenteil: Er fand es gut, dass seine Frau und Personen seines wissenschaftlichen Umfelds sich am Religionsunterricht der protestantischen und katholischen Sonntagsschulen in Illinois beteiligten. Er wusste, dass sich Physik und Glauben, richtig verstanden, schon aus methodischen Gründen nicht ins Gehege kommen können. Und je genauer die Physik die Welt anschaut, während sie in die Tiefe und Weite der Natur eindringt, desto weniger liefert sie Argumente für weltanschauliche Kontroversen. Zu verstehen, was sie sieht, gelingt nicht ohne Kopfarbeit. Aber die Mühe lohnt sich. Ich hoffe, den Leser davon im nächsten Kapitel überzeugen zu können, obwohl – oder gerade weil – darin Dinge angesprochen werden, die für unseren von der

Alltagswelt geprägten „gesunden Menschenverstand" Zumutungen darstellen, die hinter den Zumutungen biblischer Berichte in keiner Weise zurückstehen.

Und wie Glaube und Naturwissenschaft zusammen gehen, zeigt auch *Barbara Drossel*, Professorin der Theoretischen Physik an der Technischen Universität Darmstadt, in ihrem schönen Buch: „Und Augustinus traute dem Verstand – Warum Naturwissenschaft und Glauben keine Gegensätze sind" [73] .

3

Natur

*,,Das Leben des theoretischen Naturforschers ist schwer,
denn die Natur, oder genauer das Experiment, ist ein
unerbittlicher und strenger Richter seiner Arbeit. Sie sagt
niemals ,Ja' zu einer Theorie, sondern bestenfalls ,Vielleicht'
und in den meisten Fällen einfach ,Nein'. Wenn ein
Experiment mit der Theorie übereinstimmt, heißt es
,Vielleicht', wenn nicht, dann heißt es ,Nein'."*

Albert Einstein, 1879–1955

3.1 Lesen und Schreiben im Buch der Natur

3.1.1 Das Spiel — wie wir zuerst die Welt erfahren

Während meiner ganzen Schulzeit hatte ich Probleme mit
der Mathematik. Ich verrechnete mich zu oft. Mathematikschulaufgaben plagten mich in meinen Träumen. Andererseits hatte ich schon lange vor dem Abitur beschlossen,

---

Allen, die die im Abschnitt „Die Energie-Materie-Welt" angesprochenen
Erkenntnisse aus Relativitäts- und Quantentheorie noch vertiefen möchten,
wird Helmut Satz' „Gottes unsichtbare Würfel", C. H. Beck, München, 2013,
empfohlen. Dieses Werk erhielt ich leider erst während der Drucklegung meines
Buchs.

Physik zu studieren. Nachdem die Entdecker des 19. und frühen 20. Jahrhunderts alle weißen Flecken auf den Landkarten getilgt hatten, erschien mir die Physik als der einzig verbliebene Weg zu neuen Abenteuern und Entdeckungen. Doch dann kamen vor dem Beginn des ersten Studiensemesters im Sommer 1959 die Zweifel: Kann ich mir angesichts meines bisherigen Gestolperes durch Mathematikaufgaben ein Physik-Studium wirklich zutrauen?

Da bot die Technische Hochschule Darmstadt eine Studienberatung für Physik-Interessierte an. Zu uns sprach der theoretische Physiker Professor Otto Scherzer. Er sagte: „Die Voraussetzungen für ein erfolgreiches Physikstudium sind in der Reihenfolge ihrer Wichtigkeit 1. Spieltrieb, 2. Intuition, 3. Fleiß, 4. Frustrationstoleranz, 5. mathematische Begabung." Da dachte ich mir: „Wenn Spieltrieb so viel wichtiger ist als mathematische Begabung, dann kannst Du's wagen." Ich habe es nie bereut. Zwar waren die ersten vier Semester bis zum Vordiplom eine arge Plackerei, und auf die übliche Frage: „Na, macht das Studium Spaß?", vermochte ich nur ganz kleinlaut mit „Ja" zu antworten. Doch in dem Maße wie die Vertrautheit mit den mathematischen und experimentellen Werkzeugen wuchs, konnte sich auch der Spieltrieb im Umgang mit ihnen entfalten. Probleme zu lösen, wurde reizvoll.

Dass Spielen am Anfang unserer Erkenntnis der Welt steht, sehen junge Eltern tagtäglich. Beobachten wir ein Kleinkind, sagen wir einen kleinen Jungen – mit gleichem Recht könnten wir auch ein Mädchen wählen. Nach einer Nacht guten Schlafs und einem stärkenden Frühstück marschiert er ins Kinderzimmer und beginnt zu spielen. Zuerst zieht er normalerweise die Spielsachen, eins nach dem anderen, aus den Regalen. Dann werden sie befingert, beschmeckt und betrachtet. Er erspürt ihre Formen, sieht ihre Farben und probiert dann aus, was man mit ihnen noch jenseits der Zwecke machen kann, zu denen sie gefertigt wurden. Sie durchs Zimmer zu werfen, ist ein beliebtes Experiment. Dabei zerbrechen sie gelegentlich, so dass er etwas über den Zusammenhalt der Dinge lernt. Freude macht es auch, in Büchern und an Wänden Kunstwerke mit Malstiften zu produzieren, und Letztere dabei im Zimmer zu verteilen. Gewöhnlich sind nach nicht allzu langer Zeit alle beweglichen Dinge mehr oder weniger gleichmäßig im Zimmer verstreut. Die Wiederherstellung von Ordnung ist dann Mamas und Papas Aufgabe nach einem erfolgreichen Tag. Der Erfolg ist im Gehirn des Kindes: Im Spiel wurden neue Verbindungen zwischen den Neuronen im Gehirn aufgebaut, neue Informationen gespeichert und das Verständnis der Welt verbessert. Die gewachsene Ordnung im Gehirn des Kindes wurde mit erhöhter Unordnung in der häuslichen Umgebung erkauft. (Hier zeigt sich, dass Entropie, das heißt Unordnung im physikalischen Sinne, unvermeidlich produziert wird, „immer wenn etwas geschieht". Von diesem mächtigsten der Naturgesetze wird später noch ausführlicher die Rede sein.) Dank Mamas und Papas Aufräum- und Reparaturarbeiten am Abend kann das Kind am nächsten Tag mit spielendem Lernen fortfahren.

Ist das Kind erwachsen geworden und sein natürlicher Spieltrieb nicht durch passiven Fernsehkonsum erstickt oder durch Computerspiele fehlgeleitet worden und wählt es den naturwissenschaftlichen Weg zur Erkundung der Welt, wird es systematischer vorgehen. Doch spielerisches Herumprobieren beim Stellen der experimentellen Fragen an die Natur und beim Bau der theoretischen Modelle zur Beschreibung der Natur-Antworten wird die Grundlage seines Tuns bleiben.

Dass „Spiel" dabei eine bitter-ernste Angelegenheit von Versuch und Irrtum sein kann, zeigt beispielsweise die Entdeckung und Entwicklung der drahtlosen Telegrafie und des Rundfunks durch *Guglielmo Marconi*.[1] Schon früh hatte dieser sich für physikalische, insbesondere elektrische Phänomene interessiert, aber keine systematische Physik-Ausbildung erhalten. Zwanzigjährig las er im Sommerurlaub 1894 zufällig in der Physik-Zeitschrift *Il Nuovo Cimento* einen Nachruf auf Heinrich Hertz. Dieser hatte die von James Clerk Maxwell theoretisch vorhergesagten elektromagnetischen Wellen als Erster experimentell nachgewiesen. Intuition zündete in Marconi den Gedanken, mit diesen Wellen Nachrichten durch die Luft ohne Bindung an Telegrafenkabel zu übertragen. Erzeugt wurden die elektromagnetischen Wellen durch Funkenentladungen geeigneter Speicher elektrischer Energie. Doch keinem war bisher die Idee gekommen, aus den Funkengeneratoren das zu entwickeln, was später „Rundfunk" genannt wurde. Nicht wenige hielten Marconi trotz erster Erfolge für einen Scharlatan, dem man das Handwerk legen müsse. Zwischen 1895 und 1903 probierte Marconi, erst in Italien und der Schweiz, dann in England und schließlich zwischen England und den USA Sende- und Empfangsanlagen verschiedenster Abmessungen zur Übertragung von Buchstaben des

---

[1] Spannend beschreibt das Eric Larson in „Marconis magische Maschine", Fischer Taschenbuch Verlag, 2009.

Morsealphabets mittels „Funken" aus. Er und seine Tele-
grafengesellschaft riskierten viel bei Investitionen in große
Dampfmaschinen zur Erzeugung hoher Funkenergien und
in kühne, sturmempfindliche Antennenanlagen. Deren Va-
riationen und unzählige Messungen der jeweiligen Sende-
und Empfangsstärken zeigten den Weg zu Verbesserun-
gen. Marconis familiäre Beziehungen litten schwer unter
der unermüdlichen Arbeit. Am 18. Januar 1903 erfolgte
die erste drahtlose, öffentliche transatlantische Nachrichten-
übermittlung. Lange hatte die Fachwelt das für unmöglich
gehalten. Sollten doch Radiowellen genau wie Lichtwellen
sich nur geradlinig ausbreiten und nicht der Erdkrüm-
mung folgen können. Erst später verstand man, dass die
sogenannte Kenelly-Heaviside-Schicht ionisierter Gase in
der Atmosphäre elektromagnetische Wellen mit längeren
Wellenlängen als denen des Lichtes reflektiert und so ihr
Herumlaufen um die Erde ermöglicht. 1909 erhielt Marconi zusammen mit Ferdinand Braun den Nobelpreis für
Physik. Spielend und messend hatte er die herrschenden
Theorievorstellungen korrigiert.

Betrachten wir genauer, was „Messen" bedeutet.

3.1.2 Das Messen — wie wir die Natur quantitativ erfassen

Die Physik handelt ausschließlich von Dingen und Vorgän-
gen, die messbar sind. Sie begann mit den systematischen
Messungen von Fallhöhe und Geschwindigkeit frei fallender
Körper durch *Galileo Galilei* (1564–1642).

Für physikalische Messungen legt das Internationale Ein-
heitensystem sieben Basiseinheiten fest. Sie betreffen Länge,

Masse, Zeit, elektrische Stromstärke, thermodynamische Temperatur, Stoffmenge und Lichtstärke.[2] Aus diesen Einheiten werden alle anderen Maßeinheiten, wie die für Energie, Kraft, Geschwindigkeit, Druck usw., abgeleitet. Wegen ihrer Beschränkung auf Gegenstände, die in diesen Einheiten (oder denen eines äquivalenten Systems) gemessen werden können, ist der Bereich des Religiösen der Physik unzugänglich. Anders als Theologie, Philosophie, Psychologie, Soziologie und Kunst, deren Vertreter ja als Intellektuelle, d. h. „Einsichtige", gelten, kann und will die Physik keine Antworten auf die Fragen nach Sinn und Ziel des Lebens geben. In weltanschaulicher Neutralität und in gewissenhafter Beachtung ihrer Grenzen vertieft sie lediglich unser Verständnis der Natur und bahnt Wege der Naturbeherrschung.

In dieser Beschränkung liegt ihre Stärke. Denn erst als Spekulation durch Beobachtung und Messung ersetzt wurde, befreite sich die Naturwissenschaft aus den Fesseln philosophischer Vorurteile.[3] Erst dann trennten sich Chemie von Alchemie, Astronomie von Astrologie und Biologie/Medizin von der Quacksalberei jahrmarktsreisender Barbiere und Wunderheiler. Nur so konnte die moderne Technik entstehen, die der westlichen Zivilisation ihre schöpferische und zerstörerische Macht verliehen hat.

---

[2] Ihre Einheiten sind Meter (m), Kilogramm (kg), Sekunde (s), Ampere (A), Kelvin (K), Mol (mol) und Candela (cd).

[3] Vatikanische Kardinäle weigerten sich dem Vernehmen nach, durch Galileis Fernrohr die Mondberge zu betrachten. Hatte Aristoteles doch gelehrt, dass alle Himmelskörper ideal rund seien.

Messen ist ein trockenes Geschäft.[4] Meist faszinieren Messdaten und -kurven zuerst nur denjenigen, der sie selbst gewonnen hat. Ihre Deutung jedoch macht sie spannend. Diese Spannung kann so groß werden, dass sie das Weltbild der Physik zerreißt. Die Messungen der Strahlung Schwarzer Körper und der Lichtgeschwindigkeit hatten zu Beginn des 20. Jahrhunderts so viel Sprengstoff angesammelt, dass die Sicherheit der Physiker des 19. Jahrhunderts, den vollen Durchblick durch alles zu haben, ein- für allemal erschüttert wurde; mehr dazu in Abschn. 3.2. Seitdem hüten wir Physiker uns vor einem festgefügten Weltbild. Wir sind bereit, bisherige Vorstellungen sofort aufzugeben, wenn sie mit neuen und zweifelsfrei (von vielen Forschergruppen unabhängig voneinander) bestätigten Messungen nicht mehr in Einklang zu bringen sind. Wir wissen, dass wir alle unsere messend gewonnenen Erkenntnisse über die Natur nur in Modellen zusammenfassen und dass diese Modelle sich jederzeit als revisionsbedürftig erweisen können.

3.1.3 Die Modelle – Versuche der Naturerklärung

Schon Galilei sagte, dass das Buch der Natur in den Symbolen der Mathematik geschrieben wird. Mathematik ist die

---

[4] Entsprechend werden Physiker für trockene Zeitgenossen gehalten. So trat während der für ausländische Studenten ausgerichteten Willkommensparty der katholischen Hochschulgemeinde St. John's an der University of Illinois at Champaign-Urbana eine nette junge Dame auf mich zu und fragte freundlich: *„And which field are you in?"* Ich antwortete: *„Physics."* Darauf sie: *„Oh no!"*, drehte sich um und verschwand. Als Jungverheirateter, dessen Frau noch in Deutschland weilte, trug ich's mit Fassung.

Sprache, in der theoretische Physiker die Beziehungen zwischen experimentellen Messergebnissen beschreiben. Diese Beziehungen bilden ein Modell. Widerspruchsfreiheit ist eine unverzichtbare Modelleigenschaft, und je einfacher und klarer ein Modell ist, desto überzeugender wirkt es.[5] Beim Bau und der Auswertung ihrer Modelle gehen Physiker mit der Mathematik bisweilen so hemdsärmelig um, dass es den reinen Mathematikern ein Graus ist – bis sie Jahre später die mathematische Rechtfertigung für so manches von Physikern eingeführte Hau-Ruck-Verfahren finden. Von *Arno Sommerfeld*, dem wissenschaftlichen „Vater" etlicher Physik-Nobelpreisträger, wird berichtet, dass er während einer Skitour wie üblich mit seinen Doktoranden Probleme der theoretischen Physik diskutierte. Zu einer vorgeschlagenen Lösung sagte einer seiner Mitarbeiter: „Aber Herr Geheimrat, ich weiß ja gar nicht, ob das Integral existiert." Darauf Sommerfeld: „Das spielt auch keine Rolle. Sie sollen das Integral ja nur *ausrechnen*!"

Zwischen dem experimentellen Befund und seiner mathematischen Beschreibung steht die bildhafte, anschauliche Vorstellung von einem physikalischen Objekt, z. B. einem Atom, oder einem Ereignis, z. B. einer Atomspaltung. Solche Vorstellungen bilden den Kern jedes mathematisch eingekleideten physikalischen Modells. Wie richtig oder falsch sie sind, erweist sich in weiteren Experimenten. Dabei ist

---

[5] Dass die kopernikanisch-keplerschen Planetenbahnen um die Sonne so viel einfacher zu berechnen sind als die Planetenbahnen der Ptolemäi'schen Epizykel-Exzenter-Theorie, war ein wichtiger Grund für die Verdrängung des geozentrischen Weltbilds durch das heliozentrische, noch bevor die Entdeckung der Fixstern-Aberration das Letztere tatsächlich bewies.

klar, dass es niemals möglich sein wird, eine „Weltformel" in dem Sinne aufzustellen, dass man damit *alle* Ereignisse in der Energie-Materie-Welt genau erfassen kann. Diese Welt ist viel zu komplex und in ihren atomaren Tiefen zu unscharf, als dass man sie mit allen Feinheiten und Wechselwirkungen modellieren und berechnen könnte. Worauf die Physiker hoffen, ist, dass im Laufe der Zeit mit der Vertiefung der Experimente, der Erweiterung der Modelle und mit wachsender Rechenkapazität ihre Natur*beschreibung* immer besser wird. Das „Wesen" der Dinge zu erkennen, beansprucht kein Physiker, schon deshalb nicht, weil er dafür keine Maßeinheiten besitzt.

Dennoch gebrauchen Physiker im Bemühen, die Öffentlichkeit über ihr nicht immer billiges Treiben auf Kosten der Steuerzahler zu informieren, Bilder und Begriffe mit metaphysischen Assoziationen. So suchten lange Zeit die Wissenschaftler des Hochenergie-Forschungszentrums CERN bei Genf mit gewaltigem Aufwand in den Kollisionen von Protonen, die praktisch mit Lichtgeschwindigkeit aufeinander prallten, Spuren des „Higgs-Bosons". Angeblich aufgrund eines Publikationsjuxes wird dieses (die Eichsymmetrie brechende) Gebilde bisweilen auch als „Gottesteilchen" bezeichnet. Der Name passt insofern, als ohne dasselbe im Standardmodell der Elementarteilchentheorie nicht verstanden werden kann, wie die meisten der bekannten Elementarteilchen zu ihrer Masse kommen. Aber mit Gott im religiösen Sinne hat das natürlich überhaupt nichts zu tun. 2012 wurde ein „Higgs-ähnliches" Boson im CERN gefunden. Als Folge erhielten Francois Englert und Peter Higgs, die die Existenz eines massiven Austauschteilchens 1964 vorhergesagt hatten, 2013 den Physik-Nobelpreis.

(Robert Brout, der auch an der Vorhersage beteiligt war, starb 2011.) Ob damit das Standardmodell ein- für allemal bestätigt ist oder ob es womöglich weitere Higgs-Bosonen gibt, wie erweiterte Modelle sie fordern und denen man dann den Vorzug geben müsste, bleibt zukünftigen Experimenten überlassen. Physiker sind dabei skrupellos: Wird ein Modell, und sei es noch so schön und elegant, vom Experiment nicht voll bestätigt, wird es beerdigt.

Aus den hochenergetischen Prozessen in den winzigsten Raumbereichen der Atomkerne und ihrer Bestandteile hoffen die CERN-Forscher zudem zu erkennen, wie sich die Entwicklung unseres inzwischen rund 100 Mrd. Lichtjahre weiten Universums vollzogen hat. Das Größte im Kleinsten erkennen ist ein erstes Beispiel dafür, dass in der Physik Gegensätze und scheinbar Widersprüchliches zusammenfallen.

Von Modellen der kosmischen Entwicklung ist die Öffentlichkeit besonders fasziniert. Weniger interessiert ist man im Allgemeinen an der physikalischen Forschung über komplexe Systeme, die aus sehr vielen miteinander wechselwirkenden Komponenten bestehen. Gerade die Modellierung und das Verständnis dieser Systeme wird aber für unser Leben im 21. Jahrhundert von weitaus größerer Bedeutung sein als alles, was wir über Galaxien und Schwarze Löcher wissen.

3.2 Die Energie-Materie-Welt

3.2.1 Raum und Zeit – die Hülle des Universums

Die Spezielle und die Allgemeine Relativitätstheorie Albert Einsteins haben unser Verständnis von Raum und Zeit grundlegend gewandelt: Masse krümmt den Raum, und die Zeit ist nicht absolut. Diesen Vorstellungen liegen Experimente zugrunde, die u. a. zeigen, dass verschiedene Beobachter, die sich relativ zueinander mit nach Betrag und Richtung konstanten Geschwindigkeiten bewegen, für ein- und dasselbe Lichtsignal alle genau die gleiche Geschwindigkeit von rund 300.000 km/s messen. Diese Erfahrung mit der Lichtgeschwindigkeit steht in krassem Gegensatz zu unserer Alltagserfahrung mit den viel kleineren Geschwindigkeiten von normalerweise weniger als 1000 km/h. Denn wenn jemand mit nur leichtem Schwung eine Bierflasche aus dem offenen Fenster eines mit 170 km/h fahrenden Zuges wirft, dann trifft diese Bierflasche, wenn das Unglück es will, den Kopf eines Beobachters neben den Zuggleisen mit einer Geschwindigkeit von etwa 170 km/h. Zu dieser hohen Geschwindigkeit der Bierflasche haben sich Zuggeschwindigkeit und die der Flasche durch den leichten Schwung erteilte harmlose Geschwindigkeit mit möglicherweise tödlichen Folgen zusammenaddiert. (Darum stand aus gutem Grund in den alten Zügen, deren Fenster man noch öffnen konnte: „Nichts aus dem Fenster werfen!") Doch bewegt sich irgendein physikalisches Objekt praktisch mit Lichtgeschwindigkeit, so ist seine innerhalb eines fahrenden Zuges gemessene Geschwindigkeit die gleiche wie die von einem neben den Gleisen stehenden Beobachter gemessene. Aus dieser im Wortsinne merkwürdigen Tatsache, die so gar nicht zu unseren täglichen Erfahrungen passt, aber durch die Messung gleicher Ausbreitungsgeschwindigkeiten von Lichtsignalen in und gegen die Richtung der Erdbewegung zweifelsfrei erwiesen ist, folgen Phänomene, die bei Geschwindigkeiten in der Nähe der Lichtgeschwindigkeit c allesamt beobachtet wurden, unserer am Alltäglichen geschulten Vorstellungswelt jedoch höchst sonderbar vorkommen: Bewegte Gegenstände erscheinen verkürzt und bewegte Uhren gehen langsamer. Auch Einsteins bekannteste Gleichung, derzufolge einer Masse m die Energie $E = mc^2$ zukommt, hat hierin ihren Ursprung.

Doch für unser Weltverständnis ist vielleicht am wichtigsten, dass zwei Ereignisse, die für einen Beobachter gleichzeitig sind, für einen zweiten, relativ zu ihm gleichförmig bewegten Beobachter, nicht gleichzeitig sind. Das soll mit einem von Einsteins berühmten Gedankenexperimenten (in etwas modernisierter Form) erläutert werden.

Stellen wir uns zwei Beobachter im Würzburger Bahnhof vor. Der eine steht auf dem Bahnsteig 6 unter der Bahnhofsuhr, der andere fährt in einem ICE mit der konstanten Geschwindigkeit von 170 km/h von Ost nach West an ihm vorbei. Unter der Bahnhofsuhr steht auch eine Lichtquelle, die genau in dem Augenblick angeknipst wird, in dem der Beobachter im ICE auf ihrer Höhe ist. Von der Lichtquelle breitet sich das Licht als Kugelwelle in alle Richtungen mit der Lichtgeschwindigkeit von rund 300.000 km/s aus. Zwei in gleichem Abstand von 100 m von der Lichtquelle am West- und Ostende des Bahnsteigs aufgestellte Lichtdetektoren erreicht die Lichtwelle für den Beobachter auf dem Bahnsteig zu genau derselben Zeit. Ganz Anderes stellt der Beobachter im ICE fest. Auch für ihn breitet sich die Lichtwelle, wie oben gesagt, nach allen Seiten mit derselben Geschwindigkeit von 300.000 km/s aus, während ihm und ihrer Wellenfront der Detektor am Westende des Bahnhofs mit 170 km/h entgegenkommt und sich der Detektor am

Ostende des Bahnhofs von ihm und der Wellenfront mit derselben Geschwindigkeit entfernt. Deshalb erreicht die Lichtwelle für den Beobachter im Zug den West-Detektor früher als den Ost-Detektor. Zwei Ereignisse, die Ankunft von Lichtsignalen in den beiden Detektoren, sind für den Beobachter auf dem Bahnsteig gleichzeitig, für den Beobachter im Zug sind sie es nicht. Offenbar ist die Zeit nicht absolut.

Darüber hinaus sagt die Allgemeine Relativitätstheorie voraus, dass die Schwerkraft die Zeit verlangsamt, was ebenfalls experimentell bestätigt wurde.

Wenn nun die Zeit nichts Absolutes mehr ist, was ist sie dann? Die Anwort der Physik ist einfach: Die Zeit ist die vierte Dimension der Welt.[6] Sie beginnt mit dem Anfang des Universums und endet mit ihm. Über Anfang und Ende wird weiter unten noch etwas gesagt. Vorher schauen wir in die Welt der kleinen Quanten, ohne die der große Kosmos nicht verstanden werden kann.

3.2.2 Quanten und Zufall – die Beschreibung der Mikrowelt

Die Revolution aus dem Hohlraum *Max Planck* (1858–1947) hat die Quantentheorie begründet. Dafür erhielt er 1918 den Nobelpreis für Physik. Er gilt als einer der bedeutendsten Physiker des 19./20. Jahrhunderts. Doch als seine Berufswahl anstand, war er sich unschlüssig gewesen:

---

[6] Das zeigt sich auch formal in den Differenzialgleichungen der relativistischen Physik und der Elektrodynamik, die von hoher, ästhetisch befriedigender Symmetrie in den räumlichen und zeitlichen Koordinaten sind.

Physik oder Musik? Ein Physiker, den er um Rat gefragt hatte, riet zur Musik. Die Physik sei vollendet. Hier könne ein kreativer Mensch, anders als in der Musik, nichts Neues mehr schaffen. Glücklicherweise ließ sich Planck durch das angeblich völlig abgeschlossene mechanistisch-deterministische Weltbild der klassischen Physik des 19. Jahrhunderts nicht vom Studium der Physik abhalten. Seine Forschungen begannen mit Untersuchungen zur Thermodynamik und zur Entropie. Thermodynamik ist die Wissenschaft von den Vorgängen der Energieumwandlung, bei denen immer Entropie, das physikalische Maß für Unordnung, produziert wird. 1894 wandte sich Planck der Strahlung zu, die ein erhitzter, „Schwarzer Körper" genannter Hohlraum aus einer kleinen Öffnung emittiert. Die Experimentalphysiker *Lummer* und *Pringsheim* hatten die Intensität dieser Strahlung in Abhängigkeit von ihrer Wellenlänge und der Temperatur der Hohlraumwände gemessen. Aber theoretisch konnten die Messungen innerhalb der Vorstellungen der klassischen Physik nicht gedeutet werden. Zu diesen Vorstellungen gehörte die Überzeugung, dass Energie nur in stetigem Fluss aufgenommen und abgegeben werden kann, gemäß dem alten naturphilosophischen Satz „*Natura non fecit saltus*", d. h. „Die Natur macht keine Sprünge". Fast widerwillig sah Planck schließlich von dieser Überzeugung ab und spielte eine theoretische Beschreibung der Experimente unter der Annahme durch, dass die atomaren Oszillatoren, die die Wände des Hohlraums bilden, Strahlungsenergie nur in Form von „Paketen" aufnehmen und abgeben können, die aus ganzen Vielfachen elementarer Energie-„Quanten" bestehen. Dabei ist ein Energiequant ε umso größer, je kürzer die Wellenlänge λ des Lichtes ist. (Mit der Naturkonstanten „Planck'sches Wirkungsquantum" $h = 6,626 \cdot 10^{-34}$ kgm^2/s und der Vakuum-Lichtgeschwindigkeit c = 299.792 km/s ist die Paketgröße $\varepsilon = hc/\lambda$.) Mit diesen Annahmen baute Max Planck eine Strahlungsformel zusammen, die die experimentellen Ergebnisse exakt beschreibt. Mit einem Schlag waren die Probleme der Schwarzkörperstrahlung gelöst. Diese Probleme hatten um die Jahrhundertwende zwar nicht allzu viele Leute bewegt. Thermodynamik galt damals, wie auch heute noch, als langweilig. Aber aus dieser unscheinbaren Ecke der Physik brach die Revolution los, die das seit fast 200 Jahren scheinbar festgefügte Weltbild der Physik so stark erschütterte, dass Physiker seitdem in Sachen Weltdeutung Bescheidenheit üben – oder üben sollten.

Die in der Vorstellungswelt der klassischen Physik befangenen älteren Physiker hatten die Quantentheorie zunächst heftig abgelehnt. Doch die sich intensivierende Erforschung der Atome und Moleküle lieferte Messergebnisse, die mithilfe der Quantentheorie, und nur damit, so einfach und genau beschrieben werden konnten, dass die Physiker schließlich die klassische Physik von ihrem Sockel mit der Aufschrift „Vollendete, abgeschlossene Theorie" stießen und sie heute nur noch als eine für unsere makroskopische Alltagswelt akzeptable Näherung der Quantentheorie betrachten. Mit anderen Worten: Da die Wirkungen der allermeisten alltäglichen Energieumwandlungsprozesse sehr, sehr viel größer sind als das Planck'sche Wirkungsquantum h, kann man für ihre Berechnung die Energiequanten als so verschwindend klein behandeln, dass die Natur in der Tat keine Sprünge zu machen scheint.

Welle und Korpuskel Einer derjenigen, die Plancks Energiequanten-Idee schnell aufgriffen und sie zur Deutung des („lichtelektrischer Effekt" genannten) Austritts von Elektronen aus einer mit Licht bestrahlten Metalloberfläche herangezogen hatte, war der damals 26-jährige *Albert Einstein*. Zu Max Plancks anfänglich großem Unbehagen sprach er 1905 die Vermutung aus, dass das Licht, dessen Wellenatur sich in vielen Experimenten gezeigt hatte, zugleich auch aus den Planck'schen Energiequanten besteht. Einsteins Theorie des lichtelektrischen Effekts erklärt alle einschlägigen Experimente überzeugend und wurde 1921 mit dem Nobelpreis gewürdigt. Seitdem leben die Physiker problemlos mit der Vorstellung, dass sich das Licht je nach Experiment mal als Welle, mal als ein Strom von Energie-„Teilchen" verhält. Dieser „Welle-Teilchen"- Dualismus wurde 1923 von *Louis de Broglie* (Nobelpreis 1929) auch auf Elektronen, Protonen und andere Korpuskel übertragen. Erst mit der Vorstellung von Materiewellen konnten die Experimente der Teilchenbeugung an Kristallgittern verstanden werden.

Hier haben wir ein weiteres Beispiel dafür, dass die Physik scheinbar Gegensätzliches, in diesem Falle Welle und Teilchen, vereinigt. Der Lateiner würde von *„coincidentia oppositorum"* sprechen. Wir aufgeklärten, modernen Menschen akzeptieren derartige scheinbare Widersprüche in der Physik, weil das auf ihnen beruhende Naturverständnis die Naturbeherrschung so erfolgreich verstärkt.

Weitere Eigenschaften der Natur, die sich in unserer Alltagswelt noch viel merkwürdiger ausnehmen als Quantensprünge[7] und Welle-Teilchen-Dualismus, wurden im Laufe der weiteren Entwicklung der Quantentheorie durch die Nobelpreisträger *Niels Bohr, Werner Heisenberg, Erwin Schrödinger, Paul Dirac, Wolfgang Pauli* und *Max Born* erkennbar. Zwei dieser Eigenschaften haben dem deterministischen Weltbild der klassischen Physik so gründlich den Garaus gemacht, dass es schon sehr verwundert, wenn es selbst heute noch in Weltanschauungsfragen bemüht wird.

Die Heisenberg'schen Unschärferelationen Unvermeidbare Messunschärfen oder -unbestimmtheiten sind eine dieser Eigenschaften. Heisenberg hat sie erkannt, und sie tragen seinen Namen. Die erste Unschärferelation sagt: Impuls (= Masse mal Geschwindigkeit) und Ort eines Teilchens können nicht *gleichzeitig* scharf gemessen werden. Genauer gesagt kann gemäß dieser Ort-Impuls-Unschärferelation das Produkt der Messungenauigkeiten nicht kleiner sein als das Planck'sche Wirkungsquantum h.[8] Das hat den in Abschn. 2.3 beschriebenen *Laplace'schen Dämon* umgebracht oder genauer gesagt: Die Unschärferelation hat ihm die Existenzgrundlage entzogen. Denn um die Entwicklung

---

[7] Seltsamerweise bezeichnet man umgangssprachlich mit „Quantensprung" eine besonders große Veränderung technischer oder gesellschaftlicher Art, wohingegen physikalisch ein Quantensprung die energetische Änderung eines atomaren Zustands darstellt, die nach den Maßstäben unserer Alltagswelt winzig klein ist.

[8] genauer: $h/2\pi$.

des Universums vom Anfang bis zum Ende aus den Bewegungsgleichungen der klassischen Physik berechnen zu können, müsste der Dämon zu einem Zeitpunkt die Orte und Geschwindigkeiten aller Teilchen im Universum *exakt* kennen. Das ist aber nach Heisenbergs Orts-Impuls-Unschärferelation *prinzipiell* unmöglich. Freilich kann man auch bei nicht hundertprozentiger Kenntnis der Anfangsorte und -geschwindigkeiten der Teilchen eines Systems das Systemverhalten für viele Alltagszwecke hinreichend genau vorherberechnen. Deshalb funktionieren ja auch unsere Maschinen in der Regel so zuverlässig, dass wir ihnen unser Leben anvertrauen, z. B. wenn wir ein Flugzeug besteigen. Doch immer dann, wenn die nichtlinearen Beziehungen zwischen Ursache und Wirkung nicht vernachlässigt werden dürfen, können kleine Unterschiede in den Anfangsbedingungen nach hinreichend langen Zeiten zu außerordentlich großen Unterschieden im Systemverhalten führen. Die Systementwicklung wird unvorhersagbar. Man spricht von deterministischem Chaos. Das Wetter ist solch ein chaotisches System, in dem der berühmte Flügelschlag eines Schmetterlings am Amazonas einen Tropensturm in der Karibik auslösen kann. Und alle Energieumwandlungsprozesse in Sternen sind hochgradig nichtlinear. Das Gleiche gilt für unser Wirtschaftssystem aus Menschen, Maschinen und natürlichen Ressourcen, das immer wieder einmal ins Chaos zu gleiten droht.

Ebensowenig wie Ort und Impuls eines Teilchens gleichzeitig scharf messbar sind, kann man innerhalb endlicher Messzeiten die Energie eines quantenmechanischen Zustands scharf messen. Das Produkt aus Messzeit und

Energieunschärfe ist immer größer als das Plank'sche Wirkungsquantum. Ohne diese Erkenntnis aus Heisenbergs Energie-Zeit-Unschärferelation blieben viele der beobachteten Prozesse in der Mikrowelt unverständlich.

Schrödingers Katze Die zweite Eigenschaft, die die Quantenphysik von der klassischen Physik fundamental unterscheidet, tritt in der sogenannten *Kopenhagener Deutung* mit ihrer statistischen Interpretation der Quantentheorie zu Tage. Danach sind alle Vorgänge in der atomaren und subatomaren Welt Zufallsprozesse, über die nur Wahrscheinlichkeitsaussagen gemacht werden können. Die Wahrscheinlichkeiten gewinnt man mithilfe von Funktionen, die de Broglie'sche Materiewellen beschreiben.[9] Berechnet werden diese Wellenfunktionen in Abhängigkeit von Ort und Zeit aus den von *Erwin Schrödinger* aufgestellten partiellen Differenzialgleichungen, die seinen Namen tragen (oder deren relativistischen Erweiterungen, den Dirac-Gleichungen). Mithilfe dieser Wellenfunktionen werden die Ergebnisse von Experimenten an Elektronen, Atomen und Molekülen hervorragend beschrieben und neue Phänomene erfolgreich vorhergesagt.

Trotz dieser Erfolge war den Pionieren der Quantentheorie Einstein und Schrödinger die besonders von *Max Born* vertretene Wahrscheinlichkeitsinterpretation der Quantentheorie (Nobelpreis 1954) zutiefst zuwider. So schrieb

---

[9] Genauer gesagt: Das Betragsquadrat einer Wellenfunktion $\psi(\vec{r}, t)$ gibt die Dichte der Wahrscheinlichkeit dafür an, dass man in einem Messprozess das Materieteilchen am Ort $\vec{r}$ zur Zeit t antrifft.

Einstein an Born im Jahre 1924: „Der Gedanke, dass ein einem Strahl ausgesetztes Elektron aus freiem Entschluss den Augenblick und die Richtung wählt, in der es fortspringen will, ist mir unerträglich. Wenn schon, dann möchte ich lieber Schuster oder gar Angestellter in einer Spielbank sein." [74] Und Schrödinger sagte: „Wenn es doch bei dieser verdammten Quantenspringerei bleiben soll, so bedauere ich, mich mit der Quantentheorie überhaupt beschäftigt zu haben." Einstein und Schrödinger wollten beide den Determinismus der klassischen Physik nicht aufgeben. Doch Einsteins Hoffnung, er könne durch verborgene Parameter gerettet werden, wurde durch Experimente gegen Ende des 20. Jahrhunderts endgültig zerschlagen [75].

Seine Skepsis gegenüber der statistischen Interpretation der Quantentheorie in Verbindung mit der Frage, ob und, wenn ja, wie die Quantentheorie vom atomaren, mikroskopischen Bereich auf die makroskopische Alltagswelt übertragen werden kann, erläuterte Schrödinger mit seinem berühmten Beispiel von „Schrödingers Katze" [76]: „Man kann ganz burleske Fälle konstruieren. Eine Katze wird in eine Stahlkammer gesperrt, zusammen mit folgender Höllenmaschine (die man gegen den direkten Zugriff durch die Katze sichern muss): In einem Geiger'schen Zählrohr befindet sich eine winzige Menge radioaktiver Substanz, so wenig, dass im Laufe einer Stunde eines von den Atomen zerfällt, ebenso wahrscheinlich aber auch keines; geschieht es, so spricht das Zählrohr an und betätigt über ein Relais ein Hämmerchen, das ein Kölbchen mit Blausäure zertrümmert [, was zum Tod der Katze führt]. Dieses ganze System wird eine Stunde sich selbst überlassen." In 50 % aller Fälle wird ein Atom zerfallen sein, in 50 % der Fälle nicht. Im ersten Fall wird man nach einer Stunde beim Öffnen der Stahlkammer eine lebendige Katze vorfinden, im zweiten eine tote.

Diese Darstellung des „experimentellen Ergebnisses" ist an sich noch ganz klar. Doch wie soll die theoretische Deutung des Vorgangs aussehen? Dazu existieren ganz unterschiedliche Auffassungen. Wendet man die statistische Standardinterpretation der Quantentheorie auf das Problem der Schrödinger'schen Katze an und setzt dabei voraus, dass deren Gültigkeitsbereich uneingeschränkt über den Bereich der Mikrowelt hinausgeht, so ergibt sich folgende Auffassung: Bis zum Augenblick des Nachsehens ist die quantentheoretische Wellenfunktion, die Kasten, Höllenmaschine und Katze enthält, darstellbar als Überlagerung zweier Wellenfunktionen, von denen die eine eine lebende, die andere eine tote Katze mit den jeweils passenden Zuständen der Tötungsmaschinerie beschreibt. Die Katze ist also entsprechend der wahrscheinlichkeitstheoretischen Interpretation der Wellenfunktion (bzw. deren Betragsquadrates) in der Kopenhagener Deutung zu 50 % tot und zugleich zu 50 % lebendig – solange nicht „nachgemessen", d. h. die Stahlkammer geöffnet wird. Die Frage nach Leben oder Tod der Katze bleibt in dieser Sichtweise solange unentschieden, bis durch die Öffnung der Stahlkammer eine sprunghafte Änderung des quantentheoretischen Zustands des Systems „Katze im Kasten mit Höllenmaschine" eintritt und eine Reduktion auf den Zustand „tot" oder „lebendig" vorgenommen wird. Andere Interpretationen des Schicksals von Schrödingers Katze betreffen subtile Aspekte des Messprozesses und unserer Vorstellungen von „Realität" [77].

Beispielhaft sei hier G. Ludwigs [78] Umgang mit „Schrödingers Katze" angeführt. Als Erstes muss dabei der Singular durch den Plural ersetzt, d. h. von „Schrödingers Katzen" gesprochen werden. Denn die Wahrscheinlichkeitsaussagen der Quantentheorie sind Aussagen über die Ergebnisse von vielen Experimenten an identischen Systemen, sprich „identischen Katzen und Tötungsmaschinen" unter exakt denselben Bedingungen. Für Ludwig bauen die Ergebnisse von Messprozessen mit makroskopischen physikalischen Messapparaturen auf der „objektivierbar beschriebenen Welt der Handwerker" auf. In dieser Welt sind in jedem der vielen identischen Experimente die jeweiligen Katzen nach jeweils einer Stunde entweder tot oder lebendig. Machte man, sagen wir, 100.000 derartige Experimente, dann hätte man (in sehr guter Näherung) am Ende 50.000 tote und 50.000 lebendige Katzen. Mehr braucht man für alle praktischen Zwecke (z. B. für eine Schrödinger-Katzen-Lebensversicherung) auch nicht zu wissen. In dieser Sichtweise ist das Problem der Überlagerung von Zustandsfunktionen einer lebenden und einer toten Katze – und deren Reduktion zu einer einzigen Zustandsfunktion beim Öffnen der Stahlkammer – ein Scheinproblem.

Besonders weit geht eine modifizierte – man könnte auch sagen aktualisierte – Übertragung von „Schrödingers Katze" auf Verkehrsflugzeuge, die von, sagen wir, Frankfurt nach Amsterdam fliegen und durch radioaktiven Zerfall aktivierbare Sprengladungen an Bord haben. In 50 % der Fälle landen sie nach einer Stunde wohlbehalten in Schiphol, und in 50 % der Fälle melden die Nachrichten Flugzeugkatastrophen. Nach der Mehrfach-Welten-Theorie von Everett, die meinen Mitstudenten und mir in der Quantentheorievorlesung als Alternative zur Kopenhagener Deutung erläutert wurde, würde mit jedem Flug eine Aufspaltung des Universums stattfinden – ein Universum enthielte ein unversehrtes, das andere ein abgestürztes Flugzeug, und zwischen beiden Universen gäbe es keinerlei Verbindung. Auch wenn diese Interpretation der Quantentheorie nicht viele Anhänger hat, weil sie grundsätzlich nicht durch Messungen überprüft werden kann, zeigt auch sie, was sich Physiker so alles ausdenken – angesichts der Seltsamkeiten ihrer grundlegenden Theorie, deren mathematischer Formalismus, unabhängig von jeglicher Interpretation, alle Experimente in der Energie-Materie-Welt ganz hervorragend beschreibt.

Würde das Nachdenken der Physiker über die Quantentheorie wohl noch Gnade vor den Augen des in Abschn. 2.3 zitierten Bildungsinformatikers und seinen Vorstellungen von „rationaler Denkweise" finden?

Makroskopische Quantenverstärkung Es kann vorkommen, dass die statistisch in der Mikrowelt auftretenden Quantenprozesse makroskopisch verstärkt werden und das Geschehen in der von den Kausalgesetzen der klassischen Physik beherrschten Alltagswelt in prinzipiell unvorhersehbarer Weise einschneidend verändern. Ein Gen einer Keimzelle z. B., die einer bestimmten Dosis hochenergetischer, z. B. kosmischer, Strahlung ausgesetzt ist, mutiert mit einer Wahrscheinlichkeit zwischen Null und Eins. Aus einer mutierten Keimzelle entsteht ein neues Lebewesen, das die durch die Mutation entstandene Körperbeschaffenheit an viele Nachkommen weitergeben kann. Die neue Spezies überlebt bei hinreichend guter Anpassung an die Notwendigkeiten der Umwelt. Ihre Entstehung verdankt sie jedoch einem Zufallsereignis. Die Entwicklung des Lebens im Laufe der Zeit ist keineswegs völlig vorherbestimmt.

Andererseits ist es aber auch nicht so, dass die Evolution völlig zufällig und planlos-sinnlos abläuft, wie einige Naturwissenschaftler behaupten. Darauf weist die schon oben erwähnte *Barbara Drossel* [79] hin: „Außerdem bedeutet das Auftreten zufälliger Ereignisse im Evolutionsprozess keineswegs, dass das Ergebnis des Prozesses völlig offen ist, denn neben dem Zufall sind auch Gesetze am Evolutionsprozess beteiligt. Diese Gesetze geben vor, wie oft unter welchen Umständen in welchem Bereich der DNA Mutationen auftreten, und was als Folge der Mutationen geschieht." ... Mutationen passieren „unter Stress häufiger" und sie sind „nicht an jeder Stelle in der DNA gleich wahrscheinlich ... Die Auswirkungen von Mutationen werden von den Gesetzen der Biochemie, der Embryonalentwicklung und den Umweltbedingungen bestimmt. Wir können das Zusammenspiel von Zufall und Gesetzen am besten anhand von Würfelbrettspielen wie ‚Mensch ärgere Dich nicht' veranschaulichen. Durch das Würfeln hat der Zufall für das Spiel eine wichtige Bedeutung. Das Gesetz liegt in Form von Spielregeln vor, die bestimmen, wer wann würfeln darf und was als Folge des Würfelergebnisses zu tun ist. Während des Spiels kann das Spielbrett viele verschiedene Konstellationen annehmen. Dabei hat das Spiel eine eindeutige Richtung: Mit der Zeit erreichen immer mehr Spielsteine das Ziel. Wird so lange weitergespielt, bis auch der letzte Spieler alle Steine ins Spiel gebracht hat, ist das Endergebnis des Spiels sogar völlig eindeutig. Das Zusammenspiel von Zufall und

Gesetz führt in diesem Spiel immer zu demselben Endergebnis. Natürlich kann man sich auch Spiele ausdenken, bei denen nie ein definitiver Endzustand erreicht ist, sondern alle Steine für alle Zeiten über das Spielbrett irren." Frau Drossel weist im Weiteren darauf hin, dass im Laufe der Evolution immer wieder ähnliche Lösungen bei ähnlichen Herausforderungen gefunden wurden. Man nennt dies Phänomen *konvergente Evolution*. „Bei den Sinnesorganen ist sie immer wieder zu finden. So haben Wirbeltiere, Tintenfische und sogar Quallen und Schnecken unabhängig voneinander ein Kameraauge bekommen, das immer nach denselben Prinzipien funktioniert, wenn es auch im Detail auf anderem Weg realisiert wurde. Auf der Ebene des Körperbaus gibt es frappierende Beispiele von konvergenter Evolution zwischen den Beuteltieren und den höheren Säugetieren."

Unter passenden Umständen macht sich die Quantentheorie auch unmittelbar in unserer Alltagswelt bemerkbar. Ein berühmtes Beispiel dafür ist das 1911 von *Kammerlingh Onnes* entdeckte Phänomen der Supraleitung: In Metallen wie Aluminium, Blei, Quecksilber, Niob und Zinn verschwindet unterhalb einer kritischen Temperatur T_C der elektrische Widerstand, und nicht zu starke Magnetfelder werden aus dem Inneren der Supraleiter verdrängt.[10] Der elektrische Strom fließt in diesen Metallen ohne Anliegen

---

[10] Für die meisten der sogenannten konventionellen Supraleiter liegt T_C nicht mehr als etwa 20 K über dem absoluten Nullpunkt. Für Zinn ohne Magnetfeld ist $T_C = 3,7$ K. In den neuen, theoretisch noch unverstandenen Hochtemperatursupraleitern erreicht T_C mehr als 100 K über dem absoluten Nullpunkt.

einer Spannung so lange, wie die Kühlung aufrechterhalten bleibt. Das macht Supraleiter für viele technische Anwendungen, z. B. den verlustlosen Transport elektrischer Energie und die Erzeugung sowie verlustlose Aufrechterhaltung starker Magnetfelder in Medizin, Energie- und Schwebebahn-Technik, interessant. Erst im Jahre 1957 gelang *Bardeen, Cooper* und *Schrieffer* die Erklärung der Supraleitung mit einem theoretischen Modell, das die Wechselwirkung der Elektronen untereinander und mit dem Kristallgitter so genial vereinfachend beschreibt, dass man die wesentlichen physikalischen Eigenschaften des komplexen Vielteilchensystems berechnen kann. Es stellte sich heraus, dass die Elektronen eines Supraleiters einen *makroskopischen* Quantenzustand bilden, in dem sie sich mithilfe virtueller, d. h. einzeln nicht messbarer Teilchen[11] paaren und alle exakt dieselben Bewegungen vollführen, unabhängig davon, wie weit sie voneinander in dem Metall entfernt sind. Diese korrelierte Bewegung der Elektronenpaare kann durch die statistischen Schwingungen der Gitteratome nicht aufgebrochen werden. Anders als die Einzelelektronen im Normalzustand des Metalls bei Temperaturen oberhalb von T_C werden die miteinander verschränkten Elektronenpaare an den Gitterschwingungen nicht gestreut, so dass ihre einmal aufgenommene Kollektivbewegung niemals mehr

---

[11] Diese Teilchen sind hier Phononen, d. h. Schwingungen des Kristallgitters, die aus dem Nichts entstehen und während kurzer Zeiten, die durch Heisenbergs Energie-Zeit-Unschärferelation begrenzt sind, zwischen den Elektronen zur Paarung ausgetauscht werden.

zum Erliegen kommt.[12] Einmal in Gang gekommen, kreist der elektrische Strom in einer supraleitenden Magnetspule, ohne dass ihn irgendeine Kraft mehr antreiben müsste. Er entspricht gewissermaßen den quantenmechanischen Elektronen-„Bahnen" um einen Atomkern. Und er zeigt Eigenschaften wie das Tunneln durch nicht supraleitende Gebiete. Diese Eigenschaften sind mit nichts vergleichbar, was wir aus der klassischen Physik kennen. Denn trifft ein Teilchen auf eine Wand, so wird es nach klassischer Vorstellung mit Sicherheit reflektiert, quantentheoretisch – und in der gemessenen „Wirklichkeit" – jedoch wird es nur mit einer Wahrscheinlichkeit W, die kleiner als 1 ist, reflektiert, und mit der Wahrscheinlichkeit $1 - W$ „geht es durch die Wand" und läuft auf der anderen Seite weiter. Im makroskopischen Quantenzustand „Supraleitung" hat das dann zur Folge, dass der in einer Ringspule kreisende Suprastrom durch eine isolierende Barriere hindurchtritt, ohne dass eine Spannung abfällt. Könnten Wassermoleküle dieselben quantenmechanischen Eigenschaften wie die Elektronen eines Supraleiters annehmen, würde ihr Strom einen Schieber, der den Wasserfluss durch ein Rohr blockieren soll, einfach durchdringen. Dieser, von *Brian D. Josephson* 1962 theoretisch vorhergesagte und nach ihm benannte Effekt war selbst für erfahrene Quantentheoretiker so seltsam und unerwartet, dass der Mitbegründer der Supraleitungstheorie *Bardeen*

---

[12] Das ist so ähnlich wie beim Schlittschuhlauf vieler Paare, die mit ineinander verschränkten Armen eine Kette bilden. Stolpert einer der vielen Paarpartner über eine Unebenheit im Eis, fällt er nicht hin, sondern wird vom Kollektiv am Laufen gehalten.

ihn anfangs nicht glaubte. Doch die Experimente gaben Josephson Recht, und Bardeen schlug ihn wiederholt für den Nobelpreis vor, den Josephson 1973 schließlich erhielt.[13]

Die Physik hält immer dann Überraschungen bereit, wenn neue experimentelle Werkzeuge neue Bereiche der Energie-Materie-Welt erschließen. Im Falle der Supraleitung war es Kammerlingh Onnes' Heliumverflüssigung, die den Temperaturbereich dicht oberhalb des absoluten Nullpunkts experimentell zugänglich machte.[14] Dort liegen die kritischen Temperaturen T_C für den Übergang eines Metalls aus dem normalleitenden in den supraleitenden Zustand. Derartige Veränderungen, in denen Vielteilchensysteme beim Unter- oder Überschreiten kritischer Größen wie Temperatur, Druck oder Magnetfeldstärke in einen neuen Zustand mit völlig anderen physikalischen Eigenschaften und höherer oder niedrigerer Ordnung übergehen, nennt man *Phasenübergänge*. Das Schmelzen von Eis zu Wasser unter Atmosphärendruck bei der Schmelztemperatur von 0 °C und der Übergang von Wasser in Wasserdampf bei der Siedetemperatur von 100 °C sind uns vertraute Phasenübergänge.

---

[13] Der nach Josephson benannte Suprastrom wird von der Differenz der Phasen des supraleitenden Ordnungsparameters rechts und links der Barriere getrieben, obwohl dieser Ordnungsparameter *in* der Barriere völlig verschwindet. Freimütig hat Bardeen beschrieben, wie der junge Josephson ihn erst in langen Diskussionen von der Bedeutung der *Phasenkohärenz* in inhomogenen Supraleitern überzeugen konnte.

[14] Wie man später feststellte, kann auch flüssiges Helium einen makroskopischen Quantenzustand einnehmen, der Phänomene zeigt, die dem Josephson-Effekt entsprechen.

Phasenübergänge treten in Systemen aus vielen miteinander wechselwirkenden Teilchen auf. Wir begegnen ihnen auch in der nachfolgend skizzierten Entwicklung des Universums.

3.2.3 Sterne und Galaxien – die kosmische Küche der Lebensgrundlagen

„Der Mensch im Kosmos" ist bezeichnenderweise die deutsche Übersetzung von *Teilhard de Chardins* Werk „Le Phénomène Humain" [80]. „Bezeichnenderweise" deshalb, weil das schon in den 1940er-Jahren fertiggestellte französische Original des berühmten Jesuiten, Anthropologen und Paläontologen[15] sich gemäß seinem Originaltitel mit dem Phänomen des Menschen als Teil der Evolution des Lebens auf der Erde befasst, während es dem Universum explizit nur wenige Seiten widmet, der deutsche Titel hingegen den Kosmos betont, der offenbar eine wachsende Herausforderung für theologische Denker und Lehrer darstellt. Das mag damit zusammenhängen, dass die Fortschritte in Astronomie, Raumfahrt und Allgemeinbildung den Menschen

---

[15] Teilhard de Chardin (1881–1955), umfassend gebildeter Naturwissenschaftler und vom Glauben an den Gott des Evangeliums erfüllter Christ, hat versucht zu zeigen „wie alle Linien der Entwicklung von der Materie hin zum Leben (der Biosphäre), dann zum Denken (der Noosphäre), schließlich zum höheren Leben konvergieren, in dem das Universum sich personalisiert, um sich zuletzt im ‚Punkte Omega' zu vereinigen. In diesem letzten Ziele treffen auch die Wissenschaften und der religiöse Glaube zusammen" (Klappentext zu [80]). Teilhard de Chardin hat sich dem kirchlichen Publikationsverbot seines Werkes gehorsam unterworfen. Erst nach seinem Tode wurde es veröffentlicht. Wie immer man zu seinen Thesen stehen mag: Die kirchliche Zensur hat den falschen Eindruck verstärkt, christlicher Glaube und Evolutionslehre passten nicht zusammen.

erst seit der Mitte des 20. Jahrhunderts unmittelbar bewusst machen, dass wir keineswegs den Mittelpunkt der Welt darstellen, sondern rein physisch gesehen Winzlinge sind: Unsere Erde ist ein kleiner Gesteinsplanet der – in für das Leben günstiger Entfernung – eine der 200 Mrd. Sonnen unserer Milchstraße, weit entfernt von deren Zentrum, umkreist. Unsere Milchstraße mit ihrem Durchmesser von hunderttausend Lichtjahren ist nur eines von unermesslich vielen Sternensystemen, die das Universum in seiner gegenwärtigen sichtbaren Ausdehnung von rund 100 Mrd. Lichtjahren erfüllen.

Teilhard de Chardin sagt in seinen Bemerkungen zum Universum „. . . der moderne Mensch (ist) von dem Verlangen besessen, das was er am meisten bewundert, zu entpersönlichen (oder unpersönlich zu machen). Diese Tendenz hat zwei Gründe. Erstens: die Analyse – dieses wunderbare Instrument wissenschaftlicher Forschung, dem wir alle unsere Fortschritte verdanken, das aber Ganzheit um Ganzheit auflöst . . ., bis wir uns schließlich vor einem Haufen zerlegter Mechanismen und zergehender Teile befinden. – Zweitens: die Entdeckung der siderischen Welt, ein Objekt von so weiten Ausmaßen, dass zwischen unserem Sein und den Dimensionen des Kosmos um uns jedes Verhältnis aufgehoben zu sein scheint. Eine einzige Realität scheint übrig zu bleiben, fähig, dieses unendlich Kleine und unendlich Große hervorzubringen und zugleich zu sichern: die Energie, ein universelles fließendes Sein, aus dem alles auftaucht, in dem alles untergeht wie in einem Ozean. Die Energie – der neue Geist. Die Energie – der neue Gott. Das Unpersönliche für das Omega der Welt wie für das Alpha. Unter dem Einfluss dieser Eindrücke haben wir beinahe die Wertschätzung für die Person und zugleich den Sinn für ihre wahre Natur verloren." [81] In seiner weiteren Betrachtung zur Evolution des Bewusstseins folgert er: „Unser endgültiges Wesen, der Gipfel unserer Einzigartigkeit, ist ... unsere Person. Doch diese können wir, da die Evolution die Struktur der Welt bestimmt, nur in der Vereinigung finden. ... So finden wir uns ganz von selbst vor dem Problem der *Liebe*." [82]

Energie und Liebe: die eine steht im Zentrum der Physik, die andere im Zentrum des christlichen Glaubens. Sie hat Teilhard zusammengedacht. Ob die für Wirtschaft und Gesellschaft gebotenen Konsequenzen aus beiden gezogen werden, wird darüber entscheiden, wie die Weltgesellschaft die großen Herausforderungen des 21. Jahrhunderts bestehen wird. Doch um Teilhard de Chardin ist es still geworden. Der schon im Abschn. 2.3 erwähnte Stephen Hawking hingegen wird viel beachtet, sogar im Vatikan. Seine weiter unten beschriebene Strahlung Schwarzer Löcher ist gravitations- und quantentheoretisch interessant. Doch unvergleichlich wichtiger für unser Leben ist die Strahlung der Sonne.

Die Sonne scheint, weil sie in ihrem Zentrum pro Sekunde 600 Mio. Tonnen Wasserstoff zu Helium verschmilzt. Die dabei erzeugte Strahlungsenergie[16] benötigt für die Diffusion ihrer Quanten aus dem Fusionsreaktor im

---

[16] Pro Sekunde werden rund $\Delta m = 4.200.000$ Tonnen Materie, das ist in etwa die Differenz zwischen den Gesamtmassen der Wasserstoffkerne vor der Fusion und der Heliumkerne danach, in Energie E umgewandelt gemäß Einsteins Gleichung $E = \Delta m \cdot c^2$; c = Lichtgeschwindigkeit. Die resultierende elektromagnetische Strahlungsleistung, die solare Photoluminosität, beträgt $L = 3,845 \cdot 10^{26}$ Watt. Über Neutrinos wird zusätzlich die Leistung $0,023\ L$ emittiert.

Sonneninneren bis an die Sonnenoberfläche[17] mehr als eine Million Jahre. Dann durcheilen die Lichtquanten die 150 Mio. km zwischen Sonne und Erde in etwas mehr als acht Minuten und versorgen nach ihrer Absorption durch Erdatmosphäre und Boden jeden Quadratmeter im Mittel mit einer Leistung von 239 Watt. Die Sonne scheint seit viereinhalb Milliarden Jahren und hat dabei insgesamt weniger als ein Promille ihrer Masse[18] in Energie umgewandelt. Sie ist ziemlich typisch für die 200 Mrd. Sterne unserer Milchstraße, und nur sie ist für unser Leben von unmittelbarer Bedeutung. Mittelbar jedoch verdanken alle Elemente schwerer als Helium ihre Existenz dem Sterben längst vergangener Sterne: Diese hatten all ihren Wasserstoff verbrannt, schrumpften und erzeugten bei den im Schrumpfungsprozess stark steigenden Temperaturen unter weiterer Energieproduktion durch Kernfusion alle Elemente wie Kohlenstoff, Sauerstoff, Kalzium bis hin zum Eisen. Eisen[19] besitzt den stabilsten aller Kerne. Jede Fusionsreaktion zur Bildung noch schwererer Kerne, z. B. der von Kupfer, Silber, Gold oder Uran, verbraucht Energie, die in der benötigten Intensität durch Sternexplosionen in Novae und Supernovae freigesetzt wurde. Die Materie, aus der alles auf Erden besteht, und die Energie, die alles bewegt, sind also Gaben des Sternenfeuers. Alle Komponenten menschlicher, tierischer

---

[17] Reaktorradius 140.000 km, Sonnenradius 700.000 km.

[18] Sonnenmasse = 2×10^{30} kg.

[19] Genauer: das Isotop ^{56}Fe.

und pflanzlicher Körper waren früher einmal Teile eines sterbenden, explodierenden Sterns. So verdankt das Leben seine materiellen Grundlagen kosmischen Katastrophen.

„Eine grundlegende Wahrheit über den Kosmos besagt, dass in ihm das Größte und das Kleinste ein und dasselbe sind. Für diese scheinbar paradoxe Aussage gibt es einen unmittelbar anschaulichen Beleg." [83] Geliefert wird dieser Beleg von der kosmischen Hintergrundstrahlung, die den gesamten Weltraum nahezu gleichmäßig in allen Richtungen erfüllt. In deren winzigen Unregelmäßigkeiten „erblicken wir die fernsten überhaupt wahrnehmbaren Objekte, die sich am Rande des Universums gigantisch groß über den Himmel erstrecken. Doch zugleich sehen wir dabei das Muster, das dem Kosmos in den ersten Augenblicken seiner Entstehung aufgeprägt wurde – und damals waren diese Strukturen einzelne Quanten, d. h. die kleinsten Gebilde, die in der Natur überhaupt möglich sind. . . . Die primordialen Quanten – winzige exotische Fluktuationen im urtümlichen Universum – sind das wichtigste Ordnungsprinzip des Kosmos. Diese zunächst winzigen Quanteneffekte wurden im Lauf der Zeit verstärkt, und zwar zunächst durch die so genannte kosmische Inflation und später durch die Gravitation. Letzten Endes bestimmen die primordialen Quanten, was mit der gesamten Materie geschieht – wo Galaxien entstehen und ob sie groß oder klein werden. Diese Fluktuationen sind außerdem für die Bildung von alledem verantwortlich, was in einer Galaxie vorhanden ist, insbesondere Sterne und Planeten." [83] Das Größte und das Kleinste als ein und dasselbe: Hier liefert uns die Kosmologie einen weiteren Fall physikalischer *coincidentia oppositorum*. Betrachten wir ihn noch etwas genauer.

Im „Urknall" entstand der Kosmos vor rund 14 Mrd. Jahren.[20] Ein Punkt, in dem die Energie des gesamten Universums bei einer Temperatur von 10^{32} Grad zusammengeballt war, „explodierte". Damit begannen Raum und Zeit. Nach weniger als dem billionsten Bruchteil einer Sekunde war der winzige, sich aufblähende Kosmos erfüllt von einem Feld fluktuierender Energiequanten. Das Energiefeld verwandelte sich in Strahlung, und es ward Licht.[21] Während seiner weiteren Expansion kühlte sich das Universum ab, und in einer Reihe von Phasenübergängen, ähnlich denen von Wasserdampf zu flüssigem Wasser und zu Eis, wandelte sich Energie in Materie. Nach weniger als einer milliardstel Sekunde brodelte eine „Suppe" aus Quarks. Auch Elektronen und andere leichte Teilchen entstanden. Die Quarks kondensierten innerhalb einer zehntausendstel Sekunde zu Protonen und Neutronen, die sich nach 100 s zu den ersten leichten Atomkernen wie Deuterium, Helium und Lithium vereinigten; dabei war die Temperatur des Universums auf etwa eine Milliarde Grad gesunken.[22] Nach 400.000 Jahren hatten sich Materie und Strahlung entkoppelt, und die Fluktuationen der Energiequanten im Energiefeld unmittelbar nach dem Urknall hatten sich in Unregelmäßigkeiten der kosmischen Hintergrundstrahlung übertragen. Diese Fluktuationen sind der Grund dafür, dass sich die Materie nicht

---

[20] Dieser Absatz stützt sich hauptsächlich auf [83].

[21] Ähnlich sah es Ignatius von Loyola in seiner Vision von der Erschaffung der Welt, siehe Abschn. 2.2.

[22] Die Celsius(°C)-Temperaturskala hat ihren Nullpunkt bei 273,15 Grad über dem Nullpunkt der absoluten Kelvin(K)-Temperaturskala.

gleichmäßig im Universum verteilte, sondern Sterne, Planeten und Galaxien bildete. So entstanden während eines dunklen Zeitalters von etwa einer Milliarde Jahre die ersten Sterne, die zuerst die Elemente schwerer als Wasserstoff und dann in Supernovaexplosionen die Elemente schwerer als Eisen fusionierten. Während sich das Universum weiter abkühlte, wurden in den folgenden ein bis sechs Milliarden Jahren Sterne und Galaxien direkt sichtbar. Heutzutage bilden Galaxien Superhaufen, das Universum hat eine Temperatur von 2,725 K über dem absoluten Nullpunkt und eine beobachtbare Ausdehnung von rund 100 Mrd. Lichtjahren. Beobachtet wird seine weitere, beschleunigte Expansion. Zurückgeführt wird diese auf „Dunkle Energie", über deren Natur noch nichts bekannt ist.[23]

Schwarze Löcher und virtuelle Teilchen Besonderes Interesse erregen „Schwarze Löcher" bei Laien und Gelehrten.

---

[23] Aus der experimentell beobachteten Rotverschiebung des Lichts, das einer Galaxie entstammt, die sich im Abstand d von uns befindet, folgt, dass diese Galaxie sich mit der Geschwindigkeit $v = Hd$ von uns wegbewegt. $H \approx 20$ km/(s·10^6 Lichtjahre) ist die Hubble-Konstante. Während seit dem Urknall t_0 Sekunden vergingen, hat sich diese Galaxie von uns (und von jedem anderen Punkt des Universums) mit v um d entfernt: $vt_0 = d \rightarrow t_0 = d/v = d/Hd = 1/H \approx 4,29 \cdot 10^{17}$ s $= 13,8 \cdot 10^9$ Jahre. Ein häufiger Fehlschluss aus diesem Alter und der unüberschreitbaren Lichtgeschwindigkeit ist, dass das beobachtbare Universum dann eben auch eine Ausdehnung von 13,8 Lichtjahren haben müsse. So steht es beipielsweise auf einer Tafel am Rose Center for Space and Earth in New York. Doch das Universum expandiert. Berücksichtigt man diese Expansion und die Tatsache, dass wir nur solches Licht sehen können, das nicht früher als zu der Zeit ausgesandt wurde, als Materie und Strahlung sich entkoppelten, liefern die plausibelsten Abschätzungen einen Durchmesser des beobachtbaren Universums von etwa 93 Mrd. Lichtjahren [84].

Zuerst vermutete man ihre Existenz nur aufgrund theoretischer Überlegungen. Sie dienten der physikalischen Deutung mathematischer Singularitäten in Einsteins Allgemeiner Relativitätstheorie. Inzwischen dürfte ihre Existenz durch astrophysikalische Beobachtungen gesichert sein. Demnach sollte ein Stern mit einer Masse oberhalb einer kritischen Grenze nach dem Erlöschen der energiefreisetzenden Kernfusionsprozesse aufgrund seiner eigenen Schwerkraft in sich zusammenstürzen. Übersteigt seine Masse acht Sonnenmassen, explodiert er in einer Supernova.[24] Hat der verbleibende Sternenrest noch mehr als das 2,5-Fache der Sonnenmasse, so bildet er ein astrophysikalisches Objekt, das „Schwarzes Loch" genannt wird.[25] Kein Licht kann nämlich dessen kugelförmigem Raumbereich extrem hoher Dichte unterhalb des sog. „Ereignishorizontes" entkommen. Kommen Materie oder Licht einem Schwarzen Loch zu nahe, werden sie durch seine ungeheure Gravitationswirkung hineingesaugt und verschwinden unwiderruflich für jede

---

[24] Zur Supernova kommt es auch in einem Doppelsternsystem, in dem ein Partner zu einem „Weißen Zwerg" geworden ist. Damit bezeichnet man einen ausgebrannten Stern mit etwa der Masse unserer Sonne und der Größe der Erde. Er kann aufgrund seiner Gravitation Materie von seinem Nachbarn absaugen. „Erreicht er 1,4 Sonnenmassen, wird er instabil und eine rasante Fusion frisst sich von der Oberfläche durch den kompletten Weißen Zwerg." Er explodiert in einer Supernova vom sog. Typ Ia, die als „Standard Kerze" der Messung astronomischer Entfernungen dient [85].

[25] Die Entstehung supermassereicher Schwarzer Löcher mit millionen- bis milliardenfachen Sonnenmassen, die in den Zentren der meisten Galaxien vermutet werden, wie auch mittelschwerer Schwarzer Löcher mit etlichen Tausend Sonnenmassen und Durchmessern von rund tausend Kilometern, ist noch Gegenstand der Forschung.

Beobachtung. *Stephen Hawking* zeigte 1974, dass *am* Ereignishorizont eines Schwarzen Lochs eine Strahlung auftreten kann, die nach ihm benannt wurde. Sie hat ihren Ursprung darin, dass in der Quantenelektrodynamik das Vakuum nicht als „leeres Nichts" erscheint, sondern als dynamisches Medium, in dem ständig Teilchen-Antiteilchen-Paare entstehen und wieder verschwinden. Diese Teilchen entnehmen dem Vakuum die Energie zu ihrer Entstehung und vernichten sich gegenseitig in Sekundenbruchteilen wieder, wobei sie dem Vakuum die entnommene Energie zurückgeben. Möglich ist das wegen der Heisenberg'schen Energie-Zeit-Unschärferelation. Weil diese Teilchen nicht permanent, sondern nur in Vakuum-Fluktuationen existieren, nennt man sie virtuelle Teilchen.[26] Die Erzeugung und Vernichtung von virtuellen Teilchen findet auch in der unmittelbaren Nähe des Ereignishorizonts Schwarzer Löcher statt. In diesem Fall kann es vorkommen, dass einer der beiden Partner den Ereignishorizont überschreitet und in das Schwarze Loch hineinstürzt, während der zweite Partner als reales Teilchen in den freien Raum entkommt und zur „Hawking Strahlung" beiträgt. (Seine Energie wird kompensiert durch den Energieverlust des ins Schwarze Loch stürzenden Partners.)

Fragen nach dem „Woher?" des Urknalls und was vor dem Beginn der Raum-Zeit war, können seitens der Physik nicht beantwortet werden, solange es dazu keine Experimente

---

[26] Zu den virtuellen Teilchen gehören virtuelle Lichtquanten (Photonen). In konventionellen Supraleitern vermitteln, wie schon oben gesagt, virtuelle Schallquanten (Phononen) die Anziehung zwischen den Elektronenpaaren.

gibt. Falls, wie einige noch vermuten, der Urknall nie stattgefunden haben sollte, sondern das Raum-Zeit-Universum „von Ewigkeit zu Ewigkeit" da wäre, überforderte die Frage nach dem Grund seiner Existenz die Physik aus dem gleichen Grunde. Doch die Antwort auf diese Frage, wie auch alles, was Schwarze Löcher betrifft, dürfte bis auf Weiteres für unser tägliches Leben von weitaus geringerer Bedeutung sein als die Erfahrungen, die seit dem Beginn der Industriellen Revolution in den ersten beiden Hauptsätzen der Thermodynamik zusammengefasst werden und die wir im Folgenden betrachten.

3.3 Der Gang der Dinge – Leitplanken der Entwicklung

3.3.1 Energie und Entropie – ihre Bedeutung für Wirtschaft und Umwelt

„Nichts kann auf der Welt geschehen ohne Energieumwandlung und Entropieproduktion" fasst die ersten beiden Hauptsätze der Thermodynamik qualitativ zusammen. Dabei ist Energie die in Materie und Kraftfeldern gespeicherte Fähigkeit, Veränderungen in der Welt zu bewirken, und Entropie ist das physikalische Maß für Unordnung. Genauer sagt der Erste Hauptsatz, dass Energie unter Beachtung der Energie-Masse-Äquivalenz erhalten bleibt, also weder vermehrt noch vernichtet, sondern nur umgewandelt werden kann. Gemäß dem Zweiten Hauptsatz wird in jedem irreversiblen Prozess, so auch dem der Energieumwandlung, Entropie produziert. Und alle natürlichen Prozesse sind irreversibel in dem Sinne, dass es in der Natur keinen Prozess gibt, der sich in *allen* seinen Auswirkungen rückgängig machen lässt.

Die ersten beiden Hauptsätze der Thermodynamik sind die mächtigsten aller Naturgesetze. (Manche nennen sie auch „Grundgesetz des Universums".) Sie fassen die Erfahrungen aller gescheiterten Erfinder zusammen, die vergeblich versuchten und versuchen, zyklisch arbeitende Maschinen zu bauen, die physikalische Arbeit leisten, 1) entweder ohne jedweden Energieeinsatz (Perpetuum Mobile erster Art) oder 2) unter einer einzigen Auswirkung auf den Rest der Welt: der Abkühlung eines Wärmespeichers (Perpetuum Mobile zweiter Art). Die Auswirkungen dieser theoretisch nicht beweisbaren, rein empirischen Gesetze auf unser Leben sind viel wichtiger als fast alle Ereignisse im Weltall jenseits unseres Sonnensystems.[27] Denn der Erste Hauptsatz steht für Werden durch Energieumwandlung und der Zweite für Vergehen durch Entropieproduktion.[28]

Die Einsicht, dass Energieumwandlung und Entropieproduktion Zwillingsschwestern sind, setzt sich seit den

---

[27] Einschläge massereicher Meteoriten, die zwar überwiegend, doch nicht nur aus unserem Sonnensystem stammen, können allerdings gravierende Folgen für das Leben haben. Deshalb, und wegen der unten behandelten Emissionsproblematik, ist es schade, dass es um die Pläne zur Besiedlung und Industrialisierung des erdnahen Raumes [86] still geworden ist.

[28] Die Theologie hat sich der thermodynamischen Hauptsätze noch wenig angenommen. Liegt es an deren Sprödigkeit? Oder ähnelt die Frage, warum Gott seine Schöpfung dem Gesetz von der Zunahme der Entropie unterworfen hat, zu sehr der unlösbaren Frage, warum Gott in seiner Schöpfung das Leiden und das Böse zulässt?

1970er-Jahren immer stärker im Bewusstsein der Öffentlichkeit durch. Nicht geringen Anteil daran haben Untersuchungen zum Wirtschaftswachstum und seinen Nebenwirkungen, die von [63] angestoßen wurden. Denn für das Wirtschaftswachstum von Industrieländern wie Deutschland, Japan und die USA erweist sich Energieumwandlung als ein mächtiger Produktionsfaktor, dessen ökonomisches Gewicht in etwa gleich der Summe der Gewichte von Kapital und Arbeit ist.[29]

Dank der Nutzung der fossil und nuklear gespeicherten Energien mittels Verbrennungsanlagen, Reaktoren und Wärmekraftmaschinen (Otto- und Dieselmotoren, Dampf- und Gasturbinen) haben wir Bürger der Industrieländer

---

[29] Die ökonomischen Gewichte von Produktionsfaktoren heißen fachökonomisch Produktionselastizitäten. Dabei gibt die Produktionselastizität eines Produktionsfaktors – grob gesprochen – das prozentuale Wachstum der Wirtschaft an, wenn der Produktionsfaktor um ein Prozent wächst, während die anderen Faktoren konstant bleiben. In der zweiten Hälfte des 20. Jahrhunderts lag in Deutschland die mittlere Produktionselastizität der Energie zwischen 0,4 und 0,5, die des Kapitals zwischen 0,3 und 0,4 und sowohl die der menschlichen Arbeit als auch die der – mit zeitlichen Veränderungen zusammenhängenden – Kreativität jeweils zwischen 0,1 und 0,2 [87]. Diese Produktionselastizitäten widersprechen der noch herrschenden neoklassischen Volkswirtschaftslehre, derzufolge die Produktionselastizität eines Faktors gleich seinem Kostenanteil sein sollte, wobei die Anteile der Kosten zur Produktion des Bruttoinlandsprodukts für die Energie nur rund 0,05, fürs Kapital 0,25 bis 0,30 und für die menschliche Routinearbeitarbeit 0,65 bis 0,70 betragen. Doch besonders unter Ingenieuren und naturwissenschaftlich gebildeten Ökonomen setzt sich die Einsicht durch, dass die Annahme der orthodoxen Wirtschaftstheorie, jeder Produktionsfaktor könne nahezu vollständig durch jeden anderen Produktionsfaktor ersetzt werden, falsch ist, dass wegen technologischer Beschränkungen Produktionselastizitäten und Faktorkostenanteile im Allgemeinen nicht gleich sein können und dass die ökonomische Schlüsselrolle der Energie für die Wirtschafts- und Sozialpolitik gar nicht überschätzt werden kann.

uns in komfortablen Lebensumständen einrichten können. Die Menschen der Entwicklungs- und Schwellenländer eifern uns darin mit aller Kraft nach. Die Energiespeicherung hatte die Natur während Jahrmillionen und Jahrmilliarden geleistet. Doch diese Speicher sind endlich. Besonders die Quellen von konventionellem, d. h. leicht förderbarem, billigem Öl und Gas werden in den nächsten Dekaden immer spärlicher fließen [88], und Kernenergiegegner fordern den vollständigen Verzicht auf die nuklearen Energiespeicher.

Obwohl gemäß dem Ersten Hauptsatz die Gesamtheit von Energie und Masse weder vermehrt noch vermindert werden kann, spricht man doch nicht ganz zu Unrecht von Energie-„Verbrauch", weil die gemäß dem Zweiten Hauptsatz untrennbar mit jeder Energieumwandlung in Natur und Technik verbundene Entropieproduktion den *Exergie* genannten, wertvollen, für jede Energiedienstleistung verwendbaren Anteil einer Energiemenge verringert und den wertlosen, Anergie genannten Anteil erhöht; Letzterer besteht z. B. aus Wärme, die an die Umgebung abgegeben wird. Damit sind Effizienzsteigerungen der Energieumwandlungsprozesse unüberwindbare physikalische Grenzen gesetzt, was eine in der Standard-Wirtschaftstheorie gängige Auffassung als gefährliche Illusion entlarvt. Diese Auffassung formulierte der Nobelpreisträger der Ökonomie Robert A. Solow in einem Artikel [89] über natürliche Ressourcen, insbesondere Energie, folgendermaßen: *„The world can, in effect, get along without natural resources".* (Die Welt kann faktisch ohne natürliche Ressourcen zurechtkommen.) Allerdings fuhr er warnend fort: „. . . *if real output per unit of resource is effectively bounded — cannot exceed some upper limit of productivity which in turn is not far*

from where we are now – then catastrophe is unavoidable."
(. . . falls die Wertschöpfung pro Ressourceneinheit begrenzt
sein sollte – eine obere Grenze der Produktivität nicht über-
schritten werden kann und diese Grenze nicht mehr fern
von dem ist, wo wir stehen – dann ist die Katastrophe un-
ausweichlich.) Unter der herrschenden ökonomischen und
politischen Prämisse, nämlich dass die Wirtschaft nur solange die materiellen Voraussetzungen für gesellschaftliche
Stabilität schaffen kann, wie sie in dem endlichen System
Erde exponentiell wächst, ist Solows Katastrophenfurcht be-
rechtigt. Denn dem bisherigen Wirtschaftswachstum sind
Grenzen gesetzt.

Zum einen wird es zum Erliegen kommen, wenn Entropieproduktion die verfügbaren Energiemengen immer weiter entwertet, so dass sie für das Leisten physikalischer Arbeit
nicht mehr zu gebrauchen sind. Dagegen kann man einwenden, dass es Kohle und nichtkonventionelles Öl und Gas
noch lange reichlich geben wird. Doch damit können die
natürlichen Wachstumsgrenzen nicht überwunden werden.
Ist zum andern doch die Nutzung aller erdinternen Energiequellen mit Umweltbelastungen unterschiedlicher Art und
Stärke verbunden. Das liegt an einem weiteren Aspekt der
unvermeidbaren Entropieproduktion: Sie hat auch Emissionen von Teilchen- und Wärmeströmen zur Folge.[30] Sind
diese Emissionen so stark, dass sie die molekulare Zu-
sammensetzung der Biosphäre und die Energieflüsse durch

---

[30] Die physikalischen Details beschreibt das Kapitel „Entropy" in [87]. Es fasst
auch die naturgesetzlichen Grundlagen des anthropogenen Treibhauseffekts und
Antworten auf Einwände der inzwischen still gewordenen „Klimaskeptiker"
zusammen.

dieselbe spürbar verändern und erfolgen die Veränderungen schneller als sich die Lebewesen und ihre Gesellschaften daran anpassen können, wirken sie als Umweltbelastungen. So umgeben die Emissionen des Treibhausgases Kohlendioxid (CO_2) infolge der Verbrennung von Kohle, Öl und Gas die Erde mit einem immer stärker wärmenden Strahlungsmantel aus infrarotaktiven Spurengasen. Inzwischen besteht Konsens in Wissenschaft und Politik, dass die wohlhabenden Industrieländer ihre Emissionen von CO_2 und anderen Treibhausgasen bis 2050 um rund 80 % gegenüber dem Stand von 1990 reduzieren und die Entwicklungs- und Schwellenländer den Anstieg ihrer Emissionen stark bremsen müssen, damit die mittlere Oberflächentemperatur der Erde um nicht mehr als zwei Grad Celsius steigt und die Stabilität der Klimazonen sowie Nahrungsproduktion, Wasserversorgung und Bewohnbarkeit der Küstenregionen nicht unerträglich beeinträchtigt werden. Doch die Klimakonferenzen der Vereinten Nationen zeigen, wie schwer es den Völkern fällt, sich den äußeren Zwängen der Naturgesetze zu fügen. Wird es der Religion – den Religionen – gelingen, im Innern der Menschen den Wandel zu wirken, der das Scheitern von Wirtschaft und Gesellschaft an den Naturgesetzen verhindert?

Noch setzen Wirtschaft und Gesellschaft auf die menschliche Kreativität, die dem technischen Fortschritt Impulse gibt und bisher noch immer rechtzeitig einen Ausweg aus Problemen gefunden habe. Ein Ausweg liegt offen vor dem Blick zum Himmel.

Energie in nahezu unbegrenzter Menge liefert die Verschmelzung von Wasserstoff zu Helium im Fusionsreaktor

Sonne.[31] Die Erde empfängt von der Sonne $1{,}2 \cdot 10^{17}$ Watt. Das ist etwa das Zehntausendfache des derzeitigen Weltenergiebedarfs pro Zeiteinheit. Zudem dürfte die Sonne noch fünf Milliarden Jahre scheinen. Und während sie unserer Erde die dem Leben gerade bekömmlichen Energieflüsse zustrahlt, verliert sich die mit der Sonnenenergie zugleich produzierte Entropie im Wesentlichen in den Weiten des Weltalls. So gesehen belastet Solarenergienutzung die Biosphäre am wenigsten. Doch die geringe Energiedichte der Sonneneinstrahlung und deren Fluktuationen bereiten technische und wirtschaftliche Probleme. Darum bedarf es zur Nutzung aller aus der Sonneneinstrahlung gewonnenen erneuerbaren Energie großer Flächen. So könnte beispielsweise der deutsche jährliche Primärenergiebedarf von 4030 TWh im Jahr 2005 rein rechnerisch durch Solarzellen gedeckt werden, die eine Fläche von rd. 40.000 km² bedecken, oder durch Biomasse mit Energieerträgen von 78.000 kWh/Hektar (wie in der intensiven chinesischen Landwirtschaft) auf einer Fläche von 517.000 km² [87]. Entsprechend hoch wären die Investitionen in die „Energiesammler", die diese Flächen bedecken. Finanziert man diese Investitionen nicht durch Schulden, sondern aus der jährlichen Wirtschaftsleistung, d. h. dem Bruttoinlandsprodukt, bleibt entsprechend weniger für den Konsum übrig.

Deutschland beabsichtigt, seine Energieversorgung schnellstmöglich umzustellen auf „erneuerbare Energien",

---

[31] Vielleicht gelingt es auch, mittels der kontrollierten Kernfusion das Sonnenfeuer auf die Erde zu holen. Doch schwerlich wird es vor der Mitte des 21. Jahrhunderts dazu kommen.

deren Hauptanteil solaren Ursprungs ist. Die Problematik der 2011 überstürzt eingeleiteten „Energiewende" wird an anderem Orte dargestellt [90]. Zu ihr gehört, dass man während der Übergangszeit nach dem Abschalten der deutschen Kernkraftwerke auf zusätzliche fossile Kraftwerke angewiesen sein wird. Um weiterhin der beanspruchten Vorreiterrolle in Sachen Klimaschutz gerecht zu werden, setzt Deutschland dabei auch auf CO_2-Rückhaltung und Entsorgung, englisch: *Carbon Capture and Storage* (CCS).[32]

Andere Länder, die die deutsche „Energiewende" gespannt und skeptisch verfolgen und neben der Kernenergienutzung auch die „bewährten" fossilen Energieträger weiterhin und sogar verstärkt verbrennen wollen, hoffen ebenfalls auf CCS. Doch bei der CO_2-Rückhaltung und -Entsorgung kommt es zu Wärmeemissionen, die dafür sorgen, dass die Entropieproduktion positiv bleibt, wie es der Zweite Hauptsatz verlangt: Die Teilchenströme werden in Wärmeströme umgewandelt. Diese Emissionen übertreffen diejenigen anderer Umweltschutzmaßnahmen wie Entstickung und Entschwefelung von Kraftwerksabgasen um etwa das Zehnfache. Wenn wir also weiter wie bisher auf

---

[32] Als 1989 in Deutschland erstmals auf die Möglichkeit der CO_2-Rückhaltung und -Entsorgung hingewiesen worden war [91], berichtete die Frankfurter Allgemeine Zeitung darüber. Anschließend publizierte sie einen Leserbrief des Inhalts, dass a) CO_2 völlig harmlos sei und b) wenn man es schon den Rauchgasen der Kraftwerke entzöge, dann möge man es doch bitte in den Hohlköpfen der Würzburger Physiker endlagern, über deren Publikation die Zeitung berichtet habe. Etwas später fand im Bundesministerium für Forschung und Technologie eine Expertenanhörung zur CO_2-Rückhaltung und -Entsorgung statt. Eröffnet wurde sie von einem Ministerialbeamten mit den Worten: „Ich bin beauftragt worden, diese Anhörung zu leiten. Aber ich sage Ihnen gleich, dass ich von der ganzen Thematik nichts halte. Das Klimaproblem lösen wir mit Kernenergie."

energiegetriebenes Wirtschaftswachstum in der Biosphäre setzen und sogar alle umweltbelastenden Teilchenemissionen unterbänden, handelten wir uns dennoch bei jeder Energieumwandlung in Arbeit unvermeidlich Wärmeemissionen ein. Noch behelligen uns diese kaum. Doch bei einer Steigerung des Weltenergieumsatzes um etwa einen Faktor 20 sind globale Klimaveränderungen einzig aufgrund der erhöhten, entropieentsorgenden Wärmeströme von der Erde ins Weltall zu befürchten. Diese tragen schon jetzt zu den lokalen Klimaveränderungen der Städte bei. Man spricht hier von der „Hitzemauer", die sich weiterem erdgebundenem Wirtschaftswachstum entgegenstellt [92].

Die ersten zwei Hauptsätze der Thermodynamik zwingen zu der Erkenntnis, dass langfristig energiegetriebenes Wirtschaftswachstum nur aufrechterhalten werden kann, wenn der Wirtschaftsraum über die Biosphäre der Erde hinaus ausgedehnt wird. Zwar ist eine industrielle und personelle Expansion in den erdnahen Weltraum technisch möglich, doch wurden die in den 1970er- und 1980er-Jahren dafür entwickelten und auch eine Energieversorgung der Erde durch Satelliten-Sonnenkraftwerke einschließenden Pläne [86] nicht weiter verfolgt. Das hatte zum einen wirtschaftliche Gründe. Die Anfangsinvestitionen hätten in den 1980er-Jahren in einer Größenordnung gelegen, die damals das Apollo-Programm der USA zur Erreichung des Mondes gekostet hätte, und Präsident Ronald Reagan war trotz aller Begeisterung für militärische Raketentechnik der Meinung, dass man die friedliche Eroberung des Weltraums der Privatwirtschaft überlassen solle. Zum anderen gab und gibt es auch starke emotionale Widerstände gegen die Vorstellung, dass der Mensch sich von der Erde löst, um weiter industriell expandieren zu können. So sagte z. B. ein Teilnehmer einer Diskussion über die Grenzen des Wachstums als Einwand gegen ihre Überwindung durch Weltraumindustrialisierung: „Aber dann bräuchten wir ja die menschliche Natur nicht zu ändern", hoffend, dass eine Änderung der menschlichen Natur uns zu besseren Christen machen würde. Darauf antwortete der Würzburger Professor für Moraltheologie Heinz Fleckenstein: „Es ist ein seit langem bewährtes Prinzip katholischer Morallehre, dass die technische Lösung eines Problems immer dem Versuch vorzuziehen ist, die menschliche Natur zu ändern."

Energie und Entropie verdienen größere Aufmerksamkeit der Theologie als ihnen bisher zuteil geworden ist. Vielleicht ändert sich das mit der Zeit. Deren Fluss entspringt der Quelle „Entropieproduktion" und der Erfahrung, dass dabei Unordnung produziert wird. Wie das zu der Zeitumkehr-Symmetrie der fundamentalen Naturgesetze passt und zudem unser Leben beeinflusst, betrachten wir als Nächstes.

3.3.2 Vom Fließen der Zeit — der Drang zur Unordnung

Durch Ereignisse, die in uns und um uns herum stattfinden, bemerken wir, wie die Zeit vergeht. Ereignisse folgen aus irreversiblen Prozessen in Systemen *außerhalb* des thermodynamischen Gleichgewichts. *Im* Gleichgewicht würde gar nichts passieren, abgesehen von normalerweise winzigen mikroskopischen Fluktuationen, in denen alle Erinnerungen an die Vergangenheit innerhalb von Sekundenbruchteilen verloren gehen. Wer an ein abgeschlossenes Universum glaubt, stellt sich den thermodynamischen Gleichgewichtszustand maximaler Entropie als das Ende der Welt im „Wärmetod" vor. Der träte nämlich dann ein, wenn alle Sterne ihren Kernbrennstoff verbraucht und ihre Materie in Gravitationszusammenbrüchen so gleichmäßig wie möglich verteilt hätten, und wenn alle Energie zu einem eintönig gleichförmigen Strahlungsfeld entwertet wäre, das mit konstanter Temperatur den ganzen Kosmos erfüllte. In einem derartigen Gleichgewicht würde ein abgeschlossenes Universum „am Ende aller Zeiten" zu ewigem Stillstand kommen. Doch dass es abgeschlossen ist, hat noch niemand bewiesen.

Wie immer auch das Ende der Welt beschaffen sein mag, die Dinge werden noch lange dem Fluss der Zeit unterworfen sein. Doch ist das Fließen der Zeit auf den ersten Blick ein Rätsel. Denn die Bewegungsgleichungen der Atome und Moleküle unterscheiden nicht zwischen Vergangenheit und Zukunft. Sie sind zeitumkehrbar, d. h. sie erlauben, dass alle Prozesse auch in der Zeit rückwärts laufen. Das sähe dann genauso aus wie wenn man den Videofilm eines Vorgangs im Rückwärtslauf betrachtete. Die Heiterkeitserfolge derartiger Filmvorführungen, die z. B. zeigen, wie ein zerschlagenes Ei aus der Pfanne in die Eischale zurückschwebt, wie vergossene Milch aus einem zerbrochenen Krug in das sich zusammenfügende Gefäß zurückfließt oder wie ein geplatzter Luftballon die Luft ansaugt und sich schließend aufbläht, beruhen auf der Wirkung von Irrealem, nie Beobachtetem. Doch warum ist das so, trotz der Zeitumkehrbarkeit der Bewegungsgesetze für die mikroskopischen Komponenten unserer materiellen Alltagswelt?

Das Fließen der Zeit hat für uns eine Richtung, weil jedes Geschehen so abläuft, dass die Verteilung der Dinge einer maximalen Gleichförmigkeit und Zufälligkeit zustrebt,[33] sofern nicht Kräfte von außerhalb eingreifen und Ordnung (wieder) herstellen. Immer bedarf es der Mühe und Arbeit, also des Einsatzes von Energie, damit etwas Neues geschieht. Will zum Beispiel ein Experimentator einen Nichtgleichgewichtsprozess untersuchen, muss er zuvor das System seines Interesses in einen Nichtgleichgewichtszustand versetzen, Beschränkungen unterwerfen und dann diese Beschränkungen aufheben.

Betrachten wir den Ur-Experimentator, das Kind, und sein Aufblasen eines Luftballons. Mit der Kraft seiner Lungen presst das Kind Atmosphärenluft in den Ballon. Hat sich der Ballon weit genug aufgebläht, wird für die Gasmoleküle im Ballon eine Beschränkung eingeführt: Der Schlauch mit der Öffnung wird entweder verknotet oder mit den Fingern einfach zusammengepresst. Die im Ballonvolumen verdichteten Luftmoleküle befinden sich gegenüber den gleichmäßig im Zimmer verteilten Molekülen in einem Zustand viel höherer Ordnung. Löst das Kind die Verknotung oder öffnet es seine Finger wieder, schießt das Gas aus der nun freien Öffnung, treibt den Ballon unter dem Jauchzen des Kindes wie eine wild gewordene Rakete für einige Sekunden durch das Zimmer, bis alle Luft ausgeströmt ist und ihre Moleküle sich wieder gleichförmig im

---

[33] Das ist so ähnlich wie beim Lotto. Selbst wenn man am Anfang alle Lottokugeln ordentlich sortierte, liegen sie doch nach etlichen Umdrehungen der Lottotrommel in völlig zufälliger Reihenfolge vor dem glückbringenden Ausgang.

Zimmer verteilt haben. Diese gleichförmige Verteilung ist der Zustand höchster Unordnung der Luftmoleküle. Ähnlich erfahren Eltern von Kleinkindern oder Teenagern mehr oder weniger gleichförmige Verteilungen von Spielsachen oder Büchern, Zetteln, Malstiften, Kleidungsstücken und CDs in den Kinderzimmern, wenn ihre Kinder spielend oder in schulischer Pflichterfüllung lernen und dabei Ordnung in ihren Gehirnen entsteht. Der Preis dafür ist die Unordnung im Zimmer. Beim Aufräumen stellen Eltern wie jeder wissenschaftliche Experimentator bei der Untersuchung von Ereignisabläufen fest, dass ohne Intervention von Außen die Unordnung, sprich Entropie, in dem Maße zunimmt, wie die Zeit vergeht, und zwar so lange, bis das untersuchte System im Zustand maximalen Durcheinanders angekommen ist. In diesem Sinne bestimmt die Zunahme der Entropie die Richtung des thermodynamischen Zeitpfeils.

Das ist völlig verträglich mit der Zeitumkehr-Symmetrie der fundamentalen Naturgesetze in der Mikrowelt. Präpariert nämlich der Experimentator ein physikalisches System in einen *Nichtgleichgewichtszustand*, dann versetzt er es mithilfe von *Beschränkungen* in eine Lage, die im thermodynamischen *Gleichgewicht* nur äußerst selten durch statistische Fluktuationen hergestellt wird. Werden die für das System im Nichtgleichgewichtszustand erforderlichen Beschränkungen aufgehoben, wird also in den obigen Beispielen die Eischale zerschlagen oder der Luftballonschlauch nicht mehr zusammengepresst, hindert nichts mehr das System daran, in den extrem wahrscheinlicheren Gleichgewichtszustand größter Zufälligkeit, sprich: maximal möglicher Entropie, überzugehen. Fluktuationen wie die der Gasmoleküldichte sind in diesem Gleichgewicht normalerweise winzig. Zwar könnte im Prinzip ein Teil der Luftmoleküle „von alleine", also nur aufgrund der statistischen Dichtefluktuationen, sich wieder in einem Volumen von der Größe eines aufgeblasenen Luftballons konzentrieren. Die Molekülbewegungsgleichungen verbieten das nicht, selbst dann nicht, wenn man sie als die „ehernen Naturgesetze" der klassischen Physik formuliert, die angeblich sogar Gott nicht durchbrechen könne. Aber so ein Vorgang wurde noch nie beobachtet. Er ist einfach zu unwahrscheinlich. Darum fliegt der Zeitpfeil in Richtung Unordnung.[34]

Komplexere Systeme, wie beispielsweise unser lebendiger Körper, werden ebenfalls in thermodynamisch außerordentlich unwahrscheinlichen Zuständen präpariert und dann für einige Zeit darin bewahrt: zuerst durch unsere Eltern im Zeugungsakt und dann durch die Zufuhr hochwertiger Energie in der Form von Nahrung. Letztere wird energetisch entwertet und als Körperabfall wieder ausgeschieden. Und wie wir alle wissen und höchstpersönlich erfahren werden, werden auch die in unseren Körpern hochgeordneten Atome und Moleküle in mehr oder weniger gleichförmiger Verteilung „zum Staub zurückkehren". Entwertung und wachsende Unordnung sind unvermeidlich mit unserer Existenz verbunden. Bestenfalls können wir darauf hoffen, dass dadurch nur die Umwelt jenseits der Biosphäre betroffen wird.

---

[34] Jedes in einem Ordnungszustand mithilfe von Beschränkungen präparierte System strebt nach Aufhebung der Beschränkungen dem Zustand maximal möglicher Unordnung zu. Wäre das nicht auch bedenkenswert für Lehrer von Recht und Moral? Wir kommen darauf im Zusammenhang mit dem *Anna-Karenina-Prinzip* zurück.

Das war mehr oder weniger der Fall vor der Industriellen Revolution, als alle Kreaturen auf der Erde von den jährlichen solaren Energieflüssen und ihren photosynthetischen Umwandlungen in Nahrung für Mensch und Tier lebten. Praktisch alle auf der Erde produzierte Entropie wurde als Wärme ins Weltall abgestrahlt. Folglich war der technologische und ökonomische Zustand der Erde nahezu stationär. Er änderte sich nur in dem Maße, wie die Menschen lernten, die verfügbare Solarenergie immer intensiver zu nutzen, zum Beispiel durch den Bau immer leistungsfähigerer Segelschiffe, mit denen sie zwischen dem Ende des Mittelalters und dem Beginn der Industriellen Revolution in wachsender Zahl die Weltmeere befuhren und mittels Feuerwaffen die Eroberung der Welt durch die europäische Zivilisation einleiteten. Bis zum Ausgang des Mittelalters war auf der materiellen Ebene kaum ein zivilisatorischer Wandel zu spüren. Technologisch lebten die Gläubigen, die die romanischen und gotischen Kathedralen von Speyer, Reims und Coventry bauten, in nahezu derselben Welt wie die Beter in den antiken Tempeln von Rom, Athen und Jerusalem.

In den Tagen des Alten Testamentes drückte Kohelet (der Prediger) das allgemeine Lebensgefühl der Stagnation, in der alles Tun lediglich ein Teil sinnloser Fluktuationen ist, durch seine berühmte Klage aus: „Eitelkeit, nur Eitelkeit, alles ist Eitelkeit. Was bleibt dem Menschen bei all seiner Mühe, die er sich macht unter der Sonne? Ein Geschlecht geht, und ein Geschlecht kommt, die Erde aber bleibt ewig stehen. Die Sonne geht auf, und die Sonne geht unter ... Es weht nach Süden, es weht nach Norden, es dreht sich und dreht sich und weht der Wind; und zu seinen kreisenden Bahnen kehrt wieder der Wind. ... Alle Dinge werden müde. ... Was

war, wird wieder sein; was geschah, wird wieder geschehen,
und nichts Neues gibt es unter der Sonne. . . . Es bleibt kein
Erinnern an die Früheren und . . . die Späteren, die kommen
werden . . .“ [93].

In jenen Tagen war kein Fortschritt im Sinne eines
gerichteten Wandels zu spüren. Man konnte kaum die Änderungen bemerken, deren Richtung durch die irreversiblen
Prozesse bestimmt wird, die mit dem Bevölkerungswachstum und der Zunahme des Pro-Kopf-Energieverbrauchs
einhergehen: Die Zuwächse waren zu langsam. So wuchs
der jährliche Pro-Kopf-Energieverbrauch zwischen den Jahren 5000 vor und 1400 nach Christus um etwa den Faktor
0,002. Seit der Industriellen Revolution hingegen wuchs
er in den Industrieländern bis zu 700-mal schneller als in
den Zeiten vor dem Ende des Mittelalters [94]. Hinzu kam
und kommt starkes Bevölkerungswachstum. Angesichts dessen fühlen wir Heutigen uns einem Wandel ausgesetzt, der
schneller wird als uns lieb ist. Die wachsende Intensität
der irreversiblen Prozesse auf der Erde beschleunigt für uns
Heutige den Flug des Zeitpfeils in eine Zukunft heftiger
Veränderungen.

3.3.3   Leben — seine energetische Basis und seine Entfaltung in Beschränkungen

Planet Erde, Photosynthese und Klimawandel Die Erde ist im Vergleich zu Sternen nur ein winziger Brocken
Materie im All. Sie entstand wohl aus einer riesigen Gas-
wolke, die vor etwa viereinhalb Milliarden Jahren infolge
ihrer Schwerkraft kollabierte. Dabei erhöhte sich die Ro-
tationsgeschwindigkeit der Wolke gemäß dem Gesetz von

der Erhaltung des Bahndrehimpulses. Im Zusammenspiel mit der Schwerkraft führte das zu einer Konzentration von Materie entlang elliptischer Bahnen. Die im Zentrum der Wolke zusammengeballte Masse erreichte eine so hohe Dichte, dass Kernfusion einsetzte: Die Sonne war geboren. Die um die Sonne kreisende Materie verdichtete sich mit der Zeit zu den Planeten Merkur, Venus, Erde, Mars, Jupiter, Saturn, Neptun und Uranus.[35]

Die Erde ist der fünftgrößte und dichteste Planet unseres Sonnensystems. Sie ist das einzige Objekt im Weltall, auf dem die Existenz von Leben bekannt ist. Vom rechten Verständnis dieses hochkomplexen Systems hängt die Zukunft der Menschheit ab. 71 % der Erdoberfläche sind von Wasser bedeckt. Umhüllt wird die Erde von einer etwa 640 km hohen Atmosphäre. Diese und das Erdmagnetfeld schützen das Leben vor kosmischer Strahlung. In 300.000 km Entfernung umkreist sie der Mond mit einer Masse von 1,2 % der Erdmasse. Seine Gravitation und die der Sonne bewirken in etwa gleichem Maße Ebbe und Flut. Dank seiner relativ großen Masse stabilisiert der Mond die Neigung der Erdachse gegen die Erdbahnebene und bewirkt so Jahreszeiten, deren Länge die Entwicklung des Lebens begünstigt hat.

Seit der „kambrischen Explosion" der Baupläne des Lebens in der Zeit zwischen 570 bis 500 Mio. Jahren vor der Gegenwart, hat sich das Leben in der Biosphäre der Erde ausgebreitet. Dabei stand es mehrmals kurz vor seiner völligen Vernichtung. So schleuderte vor 65 Mio. Jahren der

---

[35] Pluto wurde 2006 der Planetenstatus aberkannt.

Einschlag eines großen Meteoriten und/oder Vulkanismus große Mengen Staub in die Atmosphäre. Dieser blockierte das Sonnenlicht, das nur noch stark geschwächt zum Erdboden durchdrang. Dort wurde mangels Energie die photosynthetische Produktion von Biomasse stark zurückgefahren. Eines Großteils ihrer Nahrung beraubt starben die Saurier aus und machten den Säugetieren Platz, die, klein und unbedeutend, bis dahin in ökologischen Nischen gerade so überlebt hatten.[36]

Die Photosynthese ist die Grundlage allen Lebens auf der Erde. Sie produziert aus Sonnenenergie Zucker (Glucose). Dessen chemische Energie wird durch die Atmung in Arbeit umgewandelt, die alle Lebensprozesse treibt. Dabei regt das Sonnenlicht Elektronen in den Chlorophyll genannten molekularen photosynthetischen Reaktionszentren der Pflanzen an. Die angeregten Elektronen werden entlang einer Molekülkette transportiert. Sie bilden einen winzigen elektrischen Strom, der zwei Arbeiten verrichtet. Zum einen zerlegt er Wassermoleküle in Wasserstoff- und Sauerstoffatome. Zum anderen überführt er Adenosindiphosphat-Moleküle (ADP) in das energiereichere Adenosintriphosphat (ATP). In einer Reihe komplexer chemischer Reaktionen wird dann Traubenzucker und Sauerstoff aus Wasserstoff, Kohlendioxid (CO_2) und ATP gebildet. Summa summarum werden in der Photosynthese mittels der Sonnenenergie aus sechs

---

[36] Spezialisierung, und die damit zugleich verbundene Beschränkung der Anpassungsfähigkeit, entscheiden wesentlich über den Erfolg einer Spezies in der Evolution. Beim Menschen hat die Entwicklung sich auf das Gehirn konzentriert und den Extremitäten große Flexibilität belassen. Wird das „Säugetier" Mensch diesen bisherigen evolutionären Vorteil auch in Zukunft zu nutzen wissen?

Wasser- und sechs CO_2-Molekülen ein Zuckermolekül und sechs Sauerstoffmoleküle gebildet. Dabei wird die Energie des Sonnenlichts in die chemische Energie des Zuckers und des Sauerstoffs umgewandelt und gespeichert. Die Atmung ist der zweite Teil des fundamentalen Lebenszyklus'. Darin setzen die Zellen von Pflanzen, Tieren und Menschen die im Zucker gespeicherte Energie durch die Verbindung von Zucker mit Sauerstoff wieder frei und verrichten damit Arbeit. Diese mag mechanische Arbeit der Muskelanspannung sein, elektrische Arbeit, wenn Ladungen fließen, osmotische Arbeit, wenn Material durch halbdurchlässige Membranen transportiert wird, oder chemische Arbeit, wenn neue Verbindungen synthetisiert werden. Bei der konstanten Temperatur, die in den meisten Zellen herrscht, kann Arbeitsleistung nur gewonnen werden, wenn gleichzeitig ein Teil der wertvollen Energie in nutzlose Abwärme umgewandelt wird. Hier begegnet uns bereits auf molekularer Ebene das universale Gesetz von der unvermeidbaren Entropieproduktion, das die Entwicklung der Weltwirtschaft immer stärker prägen wird. Summa summarum wandelt die Atmung die im Zucker und Sauerstoff gespeicherte Energie in die chemische Energie von 38 ATP-Molekülen um, wobei sechs Wasser- und sechs CO_2-Moleküle freigesetzt werden. ATP ist die universelle Energiewährung aller Lebewesen. Wenn zu irgendeiner Zeit im Organismus Arbeit zu leisten ist, wird ATP in ADP und anorganisches Phosphat umgewandelt und die freiwerdende Energie in einer Hydrolysereaktion unter wohlkontrollierten Bedingungen für Arbeitsleistung zur Verfügung gestellt.

Photosynthese und Atmung sind nur ein Beispiel für die Komplexität der Lebensvorgänge. Komplex und voller Herausforderungen für die naturwissenschaftliche Forschung sind auch die Wechselwirkungen zwischen den Elementen von Atmosphäre, Wasser und Land. Überall sind Tendenzen zu chaotischem, langfristig nicht absehbarem Verhalten gegeben. Schon Wirbel in Luft und Wasser sind mathematisch außerordentlich schwer zu beschreiben. Sie sind ein wichtiger Teil des Wettergeschehens. „Wetter" fasst die lokal bis regional registrierten Wetterelemente wie Sonnenschein, Bewölkung, Niederschlag, Wind, Lufttemperatur, -druck und -feuchte und deren Änderungen über Stunden bis Tage zusammen. Zwar kann man mit einem immer engmaschigeren Netz von Wetterbeobachtungsstationen und Höchstleistungsrechnern das Wetter bis zu einen Zeitraum von etwa vier Tagen einigermaßen zuverlässig vorhersagen, doch je weiter Wetterprognosen reichen, desto ungenauer werden sie. Anders verhält es sich mit dem Klima. „Klima" mittelt die lokal, regional und global auftretenden Wetterelemente über mehrere Jahre bis Jahrmillionen. Hier sind, wenn auch mit großem Rechenaufwand, langfristige Vorhersagen möglich. Sie beruhen sowohl auf statistischen Analysen des Klimageschehens als auch auf den Lösungen von (Differenzial-) Gleichungen, die die klimarelevanten physikalischen Wechselwirkungen in Atmosphäre, Ozean und Land modellieren.

Klimaszenarien beherrschen die Diskussion über die weitere industrielle Entwicklung auf der Erde. Schon 1895 hatte der Physikochemiker *Svante Arrhenius* aus den Strahlungsgesetzen der Physik und den Strahlungseigenschaften des CO_2 geschlossen, dass eine Verdopplung der CO_2-Konzentration in der Erdatmosphäre die Oberflächentemperatur der Erde um vier bis sechs Grad Celsius steigern würde. Die moderne Klimaforschung kommt unter Auswertung gewaltiger Datenmengen mit Supercomputern auf eine Temperaturerhöhung um zwei bis drei Grad Celsius. Sie sagt uns auch genauer, wie die Emissionen von „Treibhausgasen", als da sind CO_2, Methan, Stickoxide und andere infrarotaktive Spurengase aus der Verbrennung von Kohle, Öl und Gas, Rinderhaltung und Reisanbau sowie Waldvernichtung, das Erdklima langfristig drastisch zu verändern drohen. [95]

Die Emission von Treibhausgasen ist nur ein Teil der allgemeinen Emissions-Problematik. Sie wird von dem durch Energieumwandlung angetriebenen Wirtschaftswachstum ständig verschärft. Wie in Abschn. 3.3.1 besprochen, sind wegen des Zweiten Hauptsatzes der Thermodynamik Emissionen unvermeidbar, „wann immer etwas geschieht". Die Beschränkung der umweltbelastenden Emissionen, die Begrenzung des Klimawandels und die Bewältigung seiner Rückwirkungen auf die wirtschaftliche und soziale Stabilität der Weltgesellschaft, die von derzeit sieben auf etwa 10 Mrd. Menschen anwachsen dürfte, stellen eine große technische, ethische und politische Herausforderung dar.[37]

---

[37] Sogenannte „Klimaskeptiker" haben längere Zeit bestritten, dass es ein Klimaproblem gibt. Zwar sind die meisten von ihnen inzwischen still geworden. Haben doch wesentliche Teile der Großindustrie, die zeitweise die „Grand Climate Coalition" gebildet hatten, ihre frühere Unterstützung zurückgezogen. Doch manche von ihnen versuchen noch bisweilen, in an sich seriösen Publikationen Stimmung zu machen. Typisch dafür ist der ehemalige Sektionsleiter Ornithologie der Zoologischen Staatssammlung München und Honorarprofessor an der TU München Dr. Josef H. Reichholf. Er schreibt in „zur Debatte – Themen der Katholischen

Und gerade hier stoßen Physik und alle Naturwissenschaften an eine ihrer prinzipiellen Grenzen. Unter „Wenn-Dann"-Annahmen können zwar in interdisziplinärer Kooperation Szenarien für die Zukunft berechnet werden. Zuerst hat das der *Club of Rome* mit seiner als „sich selbstzerstörende Prophezeihung" gedachten Studie „Die Grenzen des Wachstums" getan [63]. Aber wie sich die Menschen angesichts der schnell anwachsenden wirtschaftlichen und ökologischen Zukunftsprobleme tatsächlich verhalten werden, kann niemand vorhersagen. Denn Willensentscheidungen und Gefühle der Menschen sind nur in Grenzen beeinflussbar. Zwar versuchten und versuchen totalitäre Regime immer wieder, die Menschen in ihrem Machtbereich in

---

Akademie in Bayern 3/2013" auf S. 44 über die deutschen Wälder: „Das Waldsterben haben sie bestens überstanden, obwohl vorhergesagt worden war, dass es zur Jahrtausendwende in Deutschland keinen Wald mehr geben wird. Wo also liegt dann ‚das Problem' der Klimaerwärmung?" Offenbar rechnet Reichholf damit, dass sich seine Leser nicht mehr daran erinnern, dass die Schwefeldioxidemissionen und die Stickoxidemissionen, die die deutschen Wälder schwer geschädigt hatten, durch die Mitte der 1980er-Jahre erlassene Großfeuerungsanlagen-Verordnung und die Einführung des Katalysators für Kraftfahrzeuge stark reduziert wurden. Zudem wurden nach der Wende 1990 die emissionsintensiven Kraftwerke und Fabriken der ehemaligen DDR und der Tschechischen Republik stillgelegt oder umgerüstet, so dass seitdem bei Ostwind nicht mehr die vorher üblichen Atemwegsreizungen durch Schwefeldioxid und Stickoxid in Nordbayern auftreten. Mit der Reduktion der Emissionen wurden auch ihre waldschädlichen Auswirkungen reduziert. Darum geht es dem deutschen Wald noch relativ gut. Oder sollte man Herrn Reichholf so verstehen, dass seiner Meinung nach Anfang der 1980er-Jahre vor einem Waldsterben aufgrund des *Klimawandels* gewarnt wurde – er also seine Leser gar nicht für dumm verkaufen will, sondern schlecht informiert ist? Aufschlussreich ist in diesem Zusammenhang auch ein Artikel von Stefan Rahmstorf vom Potsdam-Institut für Klimafolgenforschung in der Zeitschrift *Universitas* (9/2007), der u. a. den „Fall Reichholf" anspricht; s. auch http://www.pik-potsdam.de/stefan/klimahysterie.html.

den Dienst einer Ideologie oder eines „Führers" zu zwingen. Doch wenn die Zeit reif ist, genügen schon kleine Anlässe, die Stabilität der Repressionssysteme zu erschüttern.[38]

Anna-Karenina-Prinzip Verstärkt wird die Unsicherheit über künftige Entwicklungen dadurch, dass jedes in einem Ordnungszustand mithilfe von Beschränkungen präparierte System nach Aufhebung der Beschränkungen seinem Entropieproduktionsdrang folgt und dem Zustand maximal möglicher Unordnung zustrebt. Und Menschen mögen keine Beschränkungen. Wir lieben Selbstbestimmung in Freiheit. Schon Sechsjährige protestieren: „Mama, immer willst Du die Bestimmerin sein." Die freie Entfaltung unserer Persönlichkeit betrachten wir als hohes Gut. Doch gerade das führt oft in dem komplexen System des Lebens auf der Erde zu Problemen. Inspiriert von dem berühmten ersten Satz des Tolstoj-Romans *Anna Karenina* hat *Jared Diamond*[39] sie im *Anna-Kerenina-Prinzip* zusammengefasst:

---

[38] Die Nazis, die mit moderner Propagandatechnik und Terror das deutsche Volk 12 Jahre lang wirkungsvoll manipuliert und in Krieg und Verbrechen getrieben hatten, konnten allerdings nur durch den militärischen, wirtschaftlichen und moralischen Zusammenbruch Deutschlands entmachtet werden. Doch wie wäre die Weltgeschichte verlaufen, wenn ein Braunauer Jüngling namens Adolf Hitler 1907 und 1908 mit seinen Bewerbungen um Aufnahme als Kunstmaler in die Wiener Kunstakademie nicht gescheitert wäre? Und hätte sein Vater Alois Hitler als unehelicher Sohn von Maria Anna Schicklgruber zeitlebens deren Namen getragen und nicht nach 39 Jahren den Namen seines Stiefvaters erhalten – welche Wirkung hätte ab 1933 ein Deutscher Gruß „Heil Schicklgruber!" gehabt?

[39] Bei der Untersuchung, wie sehr die Verfügbarkeit domestizierbarer Tiere die Entwicklung der vorindustriellen Zivilisationen auf den verschiedenen Kontinenten beeinflusst hatte, wandte Diamond das Anna-Kerenina-Prinzip auf Haus- und Wildtiere an: *„Domesticable animals are all alike; every undomesticable animal is undomesticable in its own way."*

„„Happy families are all alike; every unhappy family is unhappy in its own way'. By that sentence, Tolstoy meant that in order to be happy, a marriage must succeed in many different respects: sexual attraction, agreement about money, child discipline, religion, in-laws, and other vital issues. Failure in any one of those essential respects can doom a marriage even if it has all other ingredients needed for happiness." [96] Zu deutsch: „‚Glückliche Familien sind sich alle ähnlich; jede unglückliche Familie ist unglücklich auf ihre ganz eigene Art und Weise.' Mit diesem Satz meint Tolstoj, dass, um glücklich zu sein, eine Ehe in vielerlei Hinsicht gelingen muss, als da sind: sexuelle Anziehung, Übereinstimmung in Gelddingen, Kindererziehung, Religion, Verwandtschaft und andere unverzichtbare Angelegenheiten. Ein Versagen in einem dieser wesentlichen Gesichtspunkte kann eine Ehe scheitern lassen, selbst wenn alle anderen Voraussetzungen für ein glückliches Gelingen gegeben sind."

Die Voraussetzungen für eine glückliche Ehe enthalten Beschränkungen: Sexuelle Anziehung entfaltet sich in der Familie am glücklichsten unter der Beschränkung der Treue, über die Verwendung beschränkter Geldmittel muss man sich verständigen, Kindererziehung ist liebevolles Einüben von Regeln und das Bestehen auf ihrer Einhaltung, Religion sagt, was wir tun und lassen sollen, und die Verwandten haben so ihre verschiedenen Verhaltensweisen, denen man sich im Rahmen des Möglichen besser anpasst. Ebenso gelingt menschliches Zusammenleben und -arbeiten in Wirtschaft und Gesellschaft nur unter der Herrschaft des Rechts und sittlicher Normen, die dem Individuum Beschränkungen in seinem Streben nach Wohlstand und Macht auferlegen. Werden etliche dieser Beschränkungen im Zuge von wie

immer gearteten „Deregulierungen" aufgehoben, strebt die
Gesellschaft nach einer Zwischenphase der Freiheit in einen
Zustand der Wirren, die einem gedeihlichen Zusammenle-
ben abträglich sind. Revolutionen und Börsenkräche sind
Beispiele aus der Geschichte. Die Krisen der Europäischen
Union wären ohne deregulierte Finanzmärkte und ohne Ver-
stöße gegen die europäischen Verträge zu geringerer Schwere
aufgelaufen.

Schon die Gegenwart ist geprägt durch schnell wachsende technische und soziale Komplexität, die wir nur teilweise
durchschauen. Für die Zukunft gilt das in noch stärkerem
Maße. Wie weit und wie lange werden in der Vergangenheit
erprobte und für gut befundene gesetzliche und ethische Beschränkungen noch greifen? Welche Schlupflöcher öffnen
sich dem individuellen Besitz- und Machtstreben bei Reformen, die rechtliche Beschränkungen aufheben, um sie durch
andere, der gewachsenen Komplexität vermeintlich besser
angepasste zu ersetzen? Lässt man aus Angst vor Überbü-
rokratisierung Entwicklungen wie in der Vergangenheit frei
laufen, obwohl die ihnen innewohnenden Gefahren immer
deutlicher erkennbar werden? Werden andererseits mangels Sachkenntnis Verbote aus falscher Riskoeinschätzung
erlassen, die ihren Zweck ins Gegenteil verkehren?

Diese Fragen deuten nur einige Beispiele dafür an, wie
gemäß dem Anna-Kerenina-Prinzip die Zahl der möglichen
gesellschaftlichen und ökologischen Fehlentwicklungen viel
größer sein dürfte als die Zahl begehbarer nachhaltiger Ent-
wicklungspfade. Um Letztere zu sehen, müssen wir die
Energie-Materie-Welt und menschliches Verhalten in ihr

immer besser zu verstehen suchen – auch wenn wir wissen, dass trotz aller Anstrengungen hienieden unser Wissen Stückwerk bleiben muss.

In Kap. 2 haben wir das Verhalten von Menschen kennengelernt, die Gott erfahren und ihren Nächsten gedient hatten. Wir begegneten auch der Auffassung eines Agnostikers, dass die Stabilität der Gesellschaft eine allgemeine „Übereinstimmung hinsichtlich sittlicher Werte und sittlichen Verhaltens unter angemessener Beachtung des Wohlergehens unseres Nächsten" erfordert. Diese Auffassung deckt sich mit dem Gebot der „Goldenen Regel", die in der Formulierung der Bergpredigt lautet: „Alles was ihr von anderen erwartet, das tut auch ihnen."[40] Für den Christen steht hinter der Goldenen Regel die Autorität Gottes. Damit hat sie größtes Gewicht. In der Überzeugung, dass für die Gesellschaft und den Einzelnen der Glaube an den Gott des Evangeliums gut ist, wollen wir im nächsten Kapitel versuchen, die angebliche Kluft zwischen diesem Glauben und der auf die naturwissenschaftliche Erfahrung gestützten Vernunft zu überbrücken.

---

[40] Matthäus 7, 12.

4

Brückenschlag — von der Physik zum Glauben an Gott

*Jetzt schauen wir in einen Spiegel und sehen nur
rätselhafte Umrisse, dann aber schauen wir von
Angesicht zu Angesicht.*

1. Korinther 13, 12

Auch bei unvollständigem Wissen sind, wenn die Umstände
es erfordern, Entscheidungen zu treffen, deren Folgen weit
in die Zukunft reichen. Das 21. Jahrhundert wird geprägt
werden von Entscheidungen, die unsere Energiequellen und
-techniken betreffen. Die Stabilität des Systems „Wirtschaft
und Umwelt" hängt davon ab. Dessen Komplexität macht
es schwer durchschaubar. Darum müssen die anstehenden
Entscheidungen fehlerfreundlich sein, so dass Korrekturen
unter nur geringen Verlusten vorgenommen werden können. Hierzu bedarf es nüchterner, unvoreingenommener
Riskoanalysen, der fairen, öffentlichen Auseinandersetzung
über die Bewertung der Risiken und des Erlasses von Gesetzen, die darauf aufbauen. Entscheidend ist dabei der
Geist, der diesen schmerzhaften, weil mit Verhaltensände-
rungen verbundenen Prozess prägen wird. Ist es der Geist
des Evangeliums Jesu Christi, dürfte ein Weg in die Zukunft gefunden werden, der gesellschaftliches Chaos bis hin

zu Verteilungskriegen in einer atomar gerüsteten Welt vermeidet. Denn dann wird das Streben nach Macht und Besitz zurückgedrängt von der oben genannten Goldenen Regel, die seit den Zeiten der alten Zivilisationen Babyloniens, Chinas, Ägyptens, Griechenlands, Indiens und Judäas auf uns Heutige überkommen ist. Umfassender und mächtiger noch ist das Gebot der Gottes- und Nächstenliebe: „Du sollst den Herren deinen Gott lieben mit ganzem Herzen und ganzer Seele, mit allen deinen Gedanken und all deiner Kraft, und du sollst deinen Nächsten lieben wie dich selbst." (Markus 12, 28–31). Es befreit den Menschen vom Kreisen ums eigene Ich zu Verantwortung und Tat in der Welt und öffnet ihn für Gottes Gnade.

Atheisten werden einwenden, dass solche Hoffnung trügerisch sei. Doch eines ist gewiss: Keine rationalen und schon gar keine naturwissenschaftlichen Gründe sprechen dagegen, sich auf das Evangelium einzulassen. Versuchen wir, das noch etwas zu verdeutlichen. Versuchen wir einen Brückenschlag über das Meer der Unwissenheit vom Ufer der Naturerkenntnis zum Ufer des Glaubens an Gott. Und vielleicht ergibt sich auf der Brücke auch eine neue Sicht in die Zeit.

4.1 Zusammenfall der Gegensätze — was die Physik dem Denken abverlangt

Die Physik sieht die Tiefe und Weite der Welt ähnlich wie der Philosoph, Theologe und Mystiker Nikolaus von Kues (1401–1464) Gott gesehen hat: im Zusammenfall der

Gegensätze – der *coincidentia oppositorum* [97]. Diese Gemeinsamkeit ist ein Teil der Brücke zwischen den Ufern des Wissens und des Glaubens.[1]

Erinnern wir uns an die im Kap. 3 beschriebenen Erkenntnisse, deretwegen die moderne Physik durch Experiment und Theorie zur Vereinigung von Gegensätzlichem gezwungen wird. Dazu gehören:

- Die physikalischen Gesetze für die atomare und subatomare Welt erlauben nur Wahrscheinlichkeitsaussagen über die in Quantensprüngen ablaufenden Ereignisse der Mikrowelt. Und doch ist trotz des statistischen Charakters der fundamentalen Naturgesetze eine quasi deterministische Beschreibung so vieler Vorgänge in unserer Alltagswelt möglich, dass wir damit eine in der Regel zuverlässig funktionierende technische Welt haben aufbauen können.
- Der Dualismus Welle-Korpuskel: Licht und Elementarteilchen verhalten sich je nach Experiment als Welle oder als Korpuskel.[2]

---

[1] Und verbindet der Zusammenfall der Gegensätze nicht auch alle großen Weltreligionen? Wird doch in ihnen der Urgrund allen Seins höchst unterschiedlich, ja sogar scheinbar gegensätzlich im Sinne von personal oder apersonal gesehen. Doch könnte es nicht sein, dass der christliche Glaube und die anderen monotheistischen Religionen Gottes liebende, personale Seite erkennen, während fernöstliche Mystik seine alles vereinigende, alles individuell Menschliche übersteigende Allmacht sieht? Stehen wir nicht alle vor Gott wie Menschen um einen gewaltigen, in alle Höhen ragenden Berg, dessen eine Seite mit Graten, Rinnen und bergenden Höhlen in wechselnden Farben wie ein Antlitz erhaben und gütig den Menschen als der „Ich bin da" entgegenleuchtet, während die andere Seite glatt und leer die Betrachter ins Unendliche zieht? Werden wir im Tod in Gipfelnähe gelangen, dort wo alle Seiten eins werden?

[2] Im Doppelspaltversuch zeigen sich beide Eigenschaften sogar in einem einzigen Versuchsaufbau: Der Doppelspalt erzeugt das Beugungsbild einer Welle,

- Die tote und die lebendige Katze Schrödingers in seiner Wellenfunktion.

- Das Tunneln eines Teilchens durch eine Barriere: Die Wellenfunktion des Teilchens enthält das Teilchen sowohl auf der rechten als auch auf der linken Seite der Barriere. Und das mikroskopische Tunneln von Teilchen schlägt durch in unsere makroskopische Alltagswelt, wenn Ströme durch Barrieren fließen.

- Trotz aller Leere wimmelt das Vakuum von „virtuellen Teilchen", die innerhalb von Zeiten, die durch die Heisenberg'sche Energie-Zeit-Unschärferelation begrenzt sind, spontan entstehen und wieder verschwinden. Zwar sind sie nicht direkt messbar, aber sie vermitteln die messbaren Wechselwirkungen zwischen realen Teilchen. Derartige Wechselwirkungen zeigen sich in Alltagsphänomenen wie der Anziehung oder Abstoßung elektrisch geladener Körper und in so höchst außer-alltäglichen Erscheinungen wie der Hawking-Strahlung Schwarzer Löcher und der Supraleitung in Kristallen.

- Das Größte im Kleinsten erkennen: Aus den Wechselwirkungen subatomarer Teilchen in den modernen Beschleunigern der Hochenergiephysik die Dynamik des Kosmos kurz nach dem Beginn der Zeit verstehen, siehe Abschn. 3.1.3; und winzige Quantenfluktuationen in der Frühgeschichte des Universums bestimmen heute Verteilung und Größe der Galaxien – der größten Objekte im Universum, siehe Abschn. 3.2.3.

---

das in den von Korpuskeln erzeugten Schwärzungspunkten auf einer Fotoplatte festgehalten wird.

Zwar ist Naturwissenschaft indifferent gegenüber dem Glauben an Gott. Gleichwohl zeigt sie, dass auch in ihrem Erkenntnisbereich Gegensätze zusammenfallen und eröffnet Einblicke in die Natur, die dem „gesunden Menschenverstand" höchst merkwürdig vorkommen. Physik und Glauben machen Aussagen über Erfahrungen, die auf verschiedenen Ufern der Erkenntnis liegen und mit völlig unterschiedlichen Vorgehensweisen gewonnen werden. In der Physik wird „gemessen und gezählt", der Glaube „hört auf Gott". Richtig verstanden, können beide schon aus rein methodischen Gründen nicht in einen Gegensatz zueinander geraten. Für den gläubigen Naturwissenschaftler ergänzen sie sich.

Zweifelsfrei sind Atheismus, Agnostizismus und der Glaube an Gott gleichermaßen physikverträglich. Militante Atheisten, die das bestreiten und glauben, Christen vernünftiges Denken absprechen zu müssen, sollten die Denkansprüche der modernen Physik bis hin zur dreiwertigen Logik im Zusammenhang mit Heisenbergs Unschärferelationen [98] bedenken.

Und der Zusammenfall von Vergangenheit und Zukunft in Gottes Gegenwart öffnet die Sicht auf seine immerwährende Schöpfung.

4.2 Immerwährende Schöpfung – wie Gott die Welt in Händen hält

Die Zeit ist die vierte Dimension der Welt und untrennbar mit dem Raum verbunden. Unsere Sinne können sie zwar nicht unmittelbar wahrnehmen, aber wir haben den Eindruck, dass sie vergeht, weil jedes in einem Ordnungszustand mithilfe von Beschränkungen präparierte System nach Aufhebung der Beschränkungen dem Zustand maximal möglicher Unordnung zustrebt und so dem Zeitpfeil die Richtung weist.

Glaubt man, dass ein Schöpfergott das Universum geschaffen hat, dann ist die Zeit Teil seiner Schöpfung. Die weitgehend akzeptierte Urknallhypothese passt gut zu dem, was Gläubige unter „Schöpfung" verstehen. Doch auch ein Raum-Zeit-Kosmos ohne Anfang und Ende, der sich z. B. periodisch ausdehnt und wieder zusammenzieht, wäre verträglich mit der Vorstellung, dass dieser Kosmos seine Existenz einem Schöpfergott verdankt.

Doch wie auch immer die Physik die Raum-Zeit-Welt sehen mag: Ein Schöpfergott, so es ihn gibt, ist unabhängig von der durch ihn geschaffenen Raum-Zeit und steht, so er will, über ihr. Darum fallen für ihn Anfang und Ende der Geschichte zusammen. So gesehen ist Gott gleichzeitig mit aller Zeit. Sein Schöpfungsakt umfasst Anfang und Ende der Welt. Viele Heilige und Betrachter der göttlichen Geheimnisse haben das gewusst. So schreibt der heilige Augustinus: „Weltschöpfungs- und Zeitanfang fallen zusammen … ohne Zweifel (ist) die Welt nicht in der Zeit, sondern zugleich mit der Zeit geschaffen worden." [99] Richard von St. Viktor betont: „Das Ungeschaffene" (gemeint ist Gott) „ist jeglicher Zeit überlegen. Und sofern es war, als noch keine Zeit bestand, konnte es auch nicht veränderlich sein, es wäre ja sonst der Zeit unterlegen, wo es diese noch gar nicht gab" [100], und der heilige Anselm von Canterbury sagt: „Ja, Du

(Gott) bist weder gestern noch heute, sondern Du stehst einfachhin außer aller Zeit." [101]

Aber gerade mit der von den Heiligen gesehenen Überzeitlichkeit Gottes, die ein Christ mit heutigem Naturverständnis für den Schöpfer des raum-zeitlichen Universums fast zwingend annehmen muss, haben moderne Theologen und auch manche Physiker ihre Probleme. *Paul Tillich* erklärt: „Wenn wir Gott einen lebendigen Gott nennen, behaupten wir, dass er Zeitlichkeit und damit eine Beziehung zu den Modi der Zeit in sich begreift." [102] *Karl Barth* schließt sich dem an: „Ohne eine vollständige Zeitlichkeit Gottes ist der Inhalt der christlichen Botschaft gestaltlos." [103] Der Physiker *Paul Davies* zieht für sich persönlich daraus die Konsequenz: „Gott kann keine Person sein, die denkt, sich unterhält, empfindet, plant und dergleichen, denn all das sind in die Zeit eingebundene Tätigkeiten ... Mit ihrer Entdeckung der veränderlichen Zeit treibt die moderne Physik einen Keil zwischen Gottes Allmacht und die Existenz seiner Persönlichkeit. Nur schwer lässt sich behaupten, Gott besitze beide Eigenschaften." [104]

Was aber verstehen wir unter „Person", „Persönlichkeit"? Der Große Brockhaus definiert unter „Person" den Menschen als (geistiges) Einzelwesen und bezieht den Personbegriff „v. a. auf die bewußte, geistig-sittliche Dimension des Ich ..." [105], während er über das „Ich" sagt: „Ich, ...der sich selbst bewußte Ursprung und Träger aller psych. Akte (Denken, Wahrnehmen, Fühlen, Handeln) des Individuums ...Religionsgeschichtlich sehen die myst. Religionen (Buddhismus, Hinduismus, Taoismus u. a.) in der Ichwerdung eine unheilvolle Spaltung der als Höchstwert angesehenen Einheit des Seins (die also im Heilszustand aufzuheben ist), die prophetischen Religionen betrachten hingegen das Ich als Gegenentwurf und zugleich Teil des Göttlichen (Islam, Christentum, Parsismus)" [106], wobei nicht ersichtlich ist, warum hier neben Christentum nicht auch Judentum genannt wird.

„Gott" hingegen nennt der Große Brockhaus „die den Inbegriff des Heiligen ... als absoluten Wert in sich fassende transzendente Person ... von der der religiös ergriffene Mensch sich unmittelbar in seiner Existenz betroffen und gefordert sieht" [107]. „Transzendente Person" bedeutet das Übersteigen jeglicher Vorstellung von „menschlicher Person" und so auch ihrer Zeitgebundenheit. Vielleicht ist das gemeint, wenn Theologen Gott neuerdings Attribute wie „transpersonal, überpersönlich" [108] zuordnen. Doch warum soll man die Klarheit der Berichte über biblische und mystische Begegnungen mit dem personalen Gott durch neue, unscharf definierte Begrifflichkeiten verschleiern? Über das Sprechen von Gott sagt *Edith Stein*: „Alles Sprechen von Gott hat ein Sprechen Gottes zur Voraussetzung. Sein eigentliches Sprechen ist das, vor dem die menschliche Sprache verstummen muss, was in keine Menschenworte eingeht, auch in keine Bildersprache. Es ist ein Ergreifen dessen, an den es ergeht, und verlangt als Bedingung des Vernehmens die persönliche Übergabe." [109]

An Gott zu glauben und ihn begreifen zu wollen, wäre töricht.[3] Das Zweite Kapitel der Konzilsbeschlüsse des Vierten

---

[3] Die Legende berichtet, dass Augustinus am Meeresstrand entlangging und Gott zu begreifen suchte. Da traf er auf einen Knaben, der unentwegt mit einem

Laterankonzils von 1215 fasst das christliche Nachdenken über Gott und Mensch so zusammen: „Denn von Schöpfer und Geschöpf kann keine Ähnlichkeit ausgesagt werden, ohne dass sie eine größere Unähnlichkeit zwischen beiden einschlösse." [110] Entsprechend gibt es keinen Grund, unser personales Verständnis von Gott einzuengen auf das, was wir von menschlichen Personen wissen, und zu folgern, das göttliche „Ich" müsste denselben zeitlichen Bedingungen unterworfen sein wie das menschliche „Ich". Zudem ist die Erfassung Gottes mit den Begriffen unserer menschlichen Vorstellungswelt nicht nur unmöglich, sondern für den Glaubenden auch unwichtig gegenüber der Erfahrung, dass Gott da ist und dem, der sich fallen lässt, im tiefsten Innern begegnet als liebendes, leuchtendes, tröstendes „Du", das Angst vertreibt und Hoffnung weckt.

Verbinden wir das, was uns die Physik über die vierdimensionale Raum-Zeit-Welt sagt, mit unserem Bekenntnis „Ich glaube an den einen Gott, Schöpfer des Himmels und der Erde", dann glauben wir, dass der überzeitliche Gott ständig seine Schöpfung vollständig erschafft – in *creatio continua*.[4] So werden wir von ihm gehalten. Gegenwärtiges menschliches Leid und Elend fällt für ihn mit der Auferstehung des Menschen in ihn zusammen. Das macht für uns Leid und

---

Eimer Wasser aus dem Meer schöpfte. „Was tust Du da?", fragte Augustinus. „Ich schöpfe das Meer aus", antwortete der Knabe. „Wie kannst Du nur so töricht sein, das Meer mit Deinem Eimer ausschöpfen zu wollen?", rief Augustinus. „Und wie kannst Du so töricht sein, Gott mit Deinem Kopf begreifen zu wollen?", antwortete der Knabe – und war verschwunden.

[4] Jesus sagt das mit den Worten: „Mein Vater ist noch immer am Werk und auch ich bin am Werk", als er von den Juden wegen einer (von Johannes 5, 2–18 berichteten) Heilung am Sabbat zur Rede gestellt wird.

Elend zwar nicht weniger hart, nimmt aber vielleicht doch der Theodizee-Frage, d. h. der Frage, warum Gott das Leiden und das Böse in der Welt zulässt, ihre glaubenszerstörende Härte, die den Menschen hinabstößt in die „Verzweiflung über die Absurdität unseres Leidens, die eigentlich die einzige Form des Atheismus ist, die man ernst nehmen muss". [111] Während frühere Menschen wie der biblische Hiob oder die babylonischen Beter ob eigener schwerer Leiden im Angesicht glücklicher Frevler Gott zwar anklagten und mit ihm rechteten, ohne jedoch im geringsten an der Existenz des Allmächtigen, wenn auch Unbegreiflichen, zu zweifeln, wissen Menschen unserer Tage angesichts der Wucht von Leid und Grausamkeit oft nicht mehr, ob sie an den vom Christentum verkündeten liebenden Gott glauben können. Denn es würde dem Wesen eines allmächtigen, liebenden Gottes widersprechen, so meinen wir in der Zeit Empfindenden, untätig zuzusehen, wie das Leiden der Unschuldigen sich entwickelt. Doch Gott hält jedes Leben als Ganzes in der Hand. Und wo wir zeitgebunden jetzt Dunkelheit und Not sehen, sieht der überzeitliche Gott in der Ganzheit eines Lebens den Not und Dunkel überstrahlenden Glanz der Vollendung. *Das* lässt er zu.[5]

---

[5] In seiner Kritik eines ersten Manuskriptentwurfs schrieb Hans Sillescu [112] zu diesem Absatz: „Zur Theodizee-Frage vermute ich, dass Ihnen vorgeworfen wird, sie wollen zweifelnde und verzweifelnde Menschen auf *Gottes Jenseits außerhalb der Raumzeit vertrösten.* Ich halte es hier mit Dirk Evers, den ich in GOTT und ZEIT" [113] „auf S. 7 zitiere: ‚Die aller Logik vorausliegende theologische Behauptung ist also die, dass mit der Theodizee-Frage eine *wirkliche Frage*, ein ernsthaftes und an einen Adressaten zu richtendes Problem gegeben ist, . . . Die theologische Ebene ist erst da erreicht, wo nicht mehr nach logischer Konsistenz, sondern nach Orientierung inmitten des Übels und der Leiden gefragt wird. Das

Gott erhält die Raum-Zeit und alle Evolution. Er ist außerhalb der Welt und durchdringt sie ganz und gar. Er trägt die Zufallszerfälle von Atomen, die statistischen Mutationen von Genen, das Vergrößern von Quantenfluktuationen zu Galaxien und die freien Willensentscheidungen der Menschen. Menschliches Tun ist von Ewigkeit her Teilnahme an Gottes Schöpfungswerk, desgleichen menschliches Beten, so es erhört wird. Alle „Eingriffe" Gottes in die Entwicklung der Welt sind schon immer da, so wie Gott der „Ich bin da" ist. Und selbstverständlich gehören die vom Neuen Testament berichteten „wunder"samen Ereignisse in Jesu Menschwerdung, Leben und Auferstehung dazu.

Wird damit die Deismus-Theismus-Kontroverse nicht gegenstandslos? Denn wenn Gott mit dem überzeitlichen Schöpfungsakt alles Geschehen auf einmal wirkt, hält er als Herr der Zeit dieses Geschehen vom Anfang bis zum Ende „im Gang" und das ohne irgendeine Durchbrechung von Naturgesetzen.[6] Zugleich ist er der Herr mit Macht über

---

aber geht nicht aus der Zuschauerperspektive. Eine Antwort auf die Frage nach der Güte Gottes ist nicht Beobachtern, sondern nur Beteiligten möglich.'" [114] In der Tat gibt der Hinweis auf Gottes Überzeitlichkeit keinerlei Antwort auf die Frage, warum der gute Gott das Böse und das Leiden in seine Schöpfung eingebaut hat. Er will nur sagen, dass wir uns Gott nicht als einen gleichgültigen Zuschauer der Leidentwicklung vorstellen dürfen, der sie abbrechen könnte, wenn er nur wollte.

[6] Genauer gesagt: Die Frage nach einer Durchbrechung von Naturgesetzen stellt sich nicht in Gottes immerwährender Schöpfung. Ob damit die wundersamen Ereignisse wie die Menschwerdung Jesu keine Probleme mehr aufwerfen, wird allerdings unter christlichen Naturwissenschaftlern kontrovers diskutiert. Im „Dialog" werden zwei gegenteilige Auffassungen zum Wunder der Jungfrauengeburt Jesu beispielhaft vorgestellt.

die menschliche Geschichte, als den ihn Juden, Christen und Moslems bekennen und verehren.[7]

So erweist sich „immerwährende Schöpfung" als der andere Teil der Brücke über dem Meer der Unwissenheit.[8]

4.3 Hoffnung auf den großen Überblick

Kann man sich ein Bild machen von der immerwährenden Schöpfung, der *creatio continua*, die den freien Willen der Menschen, quantenmechanische Zufallsereignisse und kontingente[9], biblisch berichtete Begebenheiten[10] umfasst? Aus gutem Grund hat Gott Israel geboten, sich kein Bild von ihm zu machen. Vielleicht ist es auch vermessen oder überfordert zumindest die eigenen Verstandeskräfte, sich vorstellen zu wollen, wie Gott – und die ihm Nahen – die Raum-Zeit-Welt sehen. Versuchen wir es dennoch. Dabei können

---

[7] Statt die Theismus-Deismus-Kontroverse für gegenstandslos zu erklären, kann man vielleicht auch sagen, dass in Gott, „der die Zeit in Händen hält", auch der Gegensatz von Theismus und Deismus zusammenfällt.

[8] Die Vorstellungen von „immerwährender Schöpfung" scheinen sich zu decken mit dem, was die Zeit-Philosophie im Begriff des *Blockuniversums* zusammenfasst: http://de.wikipedia.org/wiki/Blockuniversum, Zugriff am 25.02.2014. Darauf hat mich Hans Sillescu hingewiesen [113].

[9] Kontingent: weder notwendig wahr noch notwendig falsch. „Kontingent' bezeichnet den Status von Tatsachen, deren Bestehen gegeben und weder notwendig noch unmöglich ist", http://de.wikipedia.org/wiki/Kontingenz_(Philosophie). Das erinnert an die dreiwertige Logik in der Quantentheorie [98].

[10] Die Evangelien nennen diese Begebenheiten „Zeichen". Wir hingegen sprechen meist von „Wundern", und viele tun sich schwer damit.

wir mit unseren auf Wahrnehmungen im dreidimensionalen Raum beschränkten Sinnen und als vom Fluss der Zeit Mitgerissene das Sehen in die vierdimensionale Raum-Zeit-Welt nur in Analogien beschreiben.

4.3.1   Der Ausflug eines Flachweltlers ins Dreidimensionale

Eine erste Annäherung ans Sehen in die Raum-Zeit ist der Bericht eines Flachwelt-Bewohners über seinen Ausflug in die dreidimensionale Welt. Er wurde überliefert als *Flatland – A Romance in Many Dimensions* von Edwin A. Abbot [1], einem englischen, theologisch interessierten Schullehrer des 19. Jahrhunderts.

Teil I von *Flatland* behandelt Erkenntnis und Sozialstruktur in einer zweidimensionalen Welt. Ihre Bevölkerung besteht aus Linien, Dreiecken verschiedener Innenwinkel, Rechtecken, Quadraten und höheren Polygonen bis hin zum Kreis. Die Individuen gelten als umso intelligenter und wertvoller, mit dementsprechend höherem Rang in der sozialen Hierarchie, je höher ihre Symmetrie ist. Die daraus abgeleiteten Gesetze, Verhaltensnormen und gesellschaftlichen Verpflichtungen schildert der Autor als amüsante Satire auf die Sitten und Gebräuche, Dünkel und Konflikte in einer Klassengesellschaft, wie er sie im England des 19. Jahrhunderts kennengelernt hatte.

Der Ausflug von Abbots Flachwelt-Helden in die Welt der drei Dimensionen und sein Leiden nach der Rückkehr zu seinen zweidimensional beschränkten Artgenossen bilden den Teil II von *Flatland* . Der Ausflug beginnt unfreiwillig mit dem Besuch eines Fremden in der letzten Stunde des Jahres

1999 bei einem angesehenen Flachwelt-Mathematiker quadratischer Gestalt. Kurz vor der Jahrtausendwende erscheint in dessen Zimmer, scheinbar aus dem Nichts kommend, eine Linie veränderlicher Länge, die sich dem Tastsinn des Flachweltlers als Kreis veränderlichen Durchmessers erschließt. Mit allergrößtem Respekt vor einem Mitglied der höchsten Gesellschaftsschicht und völlig verwirrt durch dessen in der Flachwelt noch nie beobachtete variierende Erscheinung, fragt der Quadratische den Fremden nach seinem Woher und dem Zweck seines Besuchs. Der Fremde erklärt, dass er aus dem dreidimensionalen Raum komme, die Form einer Kugel besitze, deren Schnitte mit der Ebene beim Auf- und Absteigen in der dritten Dimension, der „Höhe", die Kreise variierender Durchmesser ergäben, und dass er gekommen sei, um das Evangelium von den Drei Dimensionen einem versierten Mathematiker der Flachwelt zu verkünden. Nur einmal in tausend Jahren sei ihm diese Predigt gestattet. Der Quadratische zweifelt diese Auskünfte an; zuerst noch mit äußerster Höflichkeit, dann mit wachsendem Unmut, als ihn der Kugelschnittige mit geometrischen und mathematischen Analogien zu Schlüssen von der zwei- auf die dreidimensionale Welt nötigen will. Als der Fremde ihm schließlich berichtet, wie man beim Auffahren in die Höhe die Flachwelt immer weiter überschaut und was er im Inneren aller Gebäude und aller Flachweltler erblickt, ja ihm sogar einen leichten Stoß in seine Innereien verpasst, stürzt sich der Quadratische in blinder Wut auf den, wie er jetzt meint, monströsen Betrüger, der ihn mit Tricks hereinlegen will, rammt ihn mit einer seiner Ecken an die Wand und ruft alle Hausgenossen zu Hilfe. Da entweicht der Besucher mit dem an ihn geklammerten Quadratischen in die Höhe.

Zuerst voller Schrecken nimmt der Flachweltler den dreidimensionalen Raum wahr. Dann überwältigt ihn die Schönheit der perfekten Kugeloberfläche dessen, der ihn ins Dreidimensionale entführt hat. Er verharrt in stiller Anbetung bis die Kugel sich als Führer durch die volle Wirklichkeit anbietet und ihn als Erstes von oben auf die Flachwelt schauen lässt. Voller Staunen sieht er mit einem Blick, was er sich in der Flachwelt nur nacheinander erschließen konnte: Sein Haus mit allen Zimmern und Bewohnern samt deren Suchen nach dem verschwundenen Hausherrn liegt offen vor seinen Augen. Höher gleitet sein Führer mit ihm, bis er die Flachwelt mit allem, was sie birgt, bis in weiteste Ferne überschaut. „Bin ich jetzt Gott gleich?", fragt er seinen Führer. „Die weisen Männer meiner Flachwelt sagen nämlich, dass Omnivision eine Eigenschaft ist, die allein Gott zukommt". „Dann wäre ja jeder Halunke und Halsabschneider meiner Raumwelt wie Gott, denn auch er sieht die ganze Flachwelt auf einmal, genauso wie Du sie jetzt siehst", antwortet der Führer. Er ergänzt, dass Gnade und Liebe in den Gottesvorstellungen der Raumweltler wichtiger als alles andere seien.

Dann gleiten sie hinab zur „Versammlungshalle aller Flachweltstaaten", in der sich die vornehmsten Kreise der Flachwelt in der ersten Stunde des neuen Jahrtausends zum feierlichen Konklave versammelt haben, so wie das auch zu den vorangegangenen Jahrtausendwenden geschehen war. Zu Beginn wird in Ernst und Strenge ein Beschluss des Großen Rates verlesen, dass diejenigen mit schweren Strafen zu belegen seien, welche die öffentliche Ruhe und Ordnung durch Behauptungen stören, Offenbarungen aus einer anderen Welt empfangen zu haben. Als Antwort aus der

Höhe springt die Kugel mitten in die Versammlungshalle mit dem Ruf: „Hiermit verkündige ich: Es gibt die Welt der Drei Dimensionen." Mit Schrecken sehen die jüngeren Ratsmitglieder die Spur der an- und abschwellenden konzentrischen Kreise, die die Kugel beim Durchgang durch die Ebene hinterlässt. Nur der Präsident der Versammlung bleibt gelassen und verkündet, dass gemäß den geheimen Staatsarchiven, zu denen nur er Zugang habe, so etwas zu jeder Jahrtausendwende vorkomme. Das sei weiter nicht der Rede wert. Nur müsse darüber das bereits beschlossene, strengste Stillschweigen bewahrt werden. Anschließend werden alle den niedrigeren sozialen Schichten entstammenden Wächter und Diener der Versammlung auf diese oder jene Weise eliminiert. So stellt man sicher, dass das Staatsgeheimnis nicht doch von weniger verantwortungsbewussten Individuen ausgeplaudert wird.

„Nun kennst Du Dein Schicksal", sagt der Führer zum Flachweltler. Der jedoch ist sich sicher, dass er mit seinen Erlebnissen seine Landsleute wird überzeugen können. Vorher erklärt ihm sein Führer noch das Wesen der festen Körper, beginnend mit dem Beispiel des Würfels, der durch die Bewegung eines Quadrats um eine seiner Seitenlängen nach oben entsteht. Nachdem der Quadratische verstanden hat, dass seine Form als Ursprung eines so wunderbaren dreidimensionalen Gebildes wie das eines Würfels gesehen werden kann, und er dann auch die Kugel als ein Gebilde aus Kreisen begreift, deren Durchmesser sich nur um winzigste Winzigkeiten voneinander unterscheiden, befindet er sich im Zustand höchsten Glücks.

Seine Vertreibung aus dem Paradies der Erkenntnis beginnt mit dem Wunsch nach einem Blick ins Innere seines

Führers. Der weist empört ein derartiges Verlangen als widersinnig und unerfüllbar zurück. Doch der Flachweltler argumentiert als gelehriger Schüler des Raumweltlers, dass es gewiss auch eine Vierte Dimension geben müsse, aus der man ins Innere aller dreidimensionalen Wesen blicken könne, gerade so wie man aus der Dritten Dimension ins Innere der Flachweltler schauen kann. Und gewiss könne sein weiser Führer ihn auf eine weitere Reise in das gelobte Land der Vierten Dimension mitnehmen. Eine vierdimensionale Welt und die Reise dahin seien unvorstellbar, entgegnet der Führer. Kein Analogieargument, aufbauend auf derselben Logik, die er in der Flachwelt gegenüber dem Quadratförmigen verwendet hatte, als er ihm die Frohbotschaft von der Dritten Dimension verkündigte, kann den Kugelförmigen umstimmen. Er bejaht zwar zögernd die Frage, ob nicht gelegentlich Raumweltler von Erscheinungen höherer Wesen berichtet hätten, die geschlossene Räume beträten, so wie er, der Führer, das ja auch in der Flachwelt getan habe, vermutet aber, dass Halluzinationen die Erscheinungen vorgaukelten, und schließt jeden Zusammenhang mit einer Vierten Dimension aus, die definitiv nicht existiere. Voller Erkenntnisdrang bedrängt der Flachweltler den Raumweltler weiter und immer heftiger, sich mit ihm auf die Suche nach höheren als drei Dimensionen zu begeben – bis dieser ihn zornig zurückschleudert in seine Flachwelt.

Voller Sehnsucht nach dem verlorenen Paradies der Drei Dimensionen spricht der Heimgekehrte, das Verbot der Obrigkeit missachtend, gegenüber intelligenten Vertrauten von der Existenz einer dreidimensionalen Welt. Er stößt nur auf Unverständnis. Dennoch ergeht er sich hier und da, und immer häufiger, in Andeutungen. Schließlich wird er verhaftet, verhört und für immer weggesperrt. Im Gefängnis schreibt er seine Memoiren, die als *Flatland* auf verschlungenen Wegen in die Welt menschlicher Leser gelangten.

Sein trauriges Schicksal wäre dem Flachweltler erspart geblieben, hätte der Raumweltler die Relativitätstheorie gekannt und ihm erklärt, dass die Zeit die vierte Dimension der Welt ist, dass man sie nur von Zeitpunkt zu Zeitpunkt und nur in einer Richtung durchmessen kann, dass Leute mit zu viel Phantasie sich zwar Zeitreisen ausdenken, auf denen man sich alle *Ereignisse* in der Raum-Zeit-Welt ansehen kann, so wie der Flachweltler beim Auffahren in die Höhe bis in die fernsten Fernen der Flachwelt sehen konnte, doch dass ins Innere der Raumweltler so wie ins Innere der Flachweltler zu blicken selbst Zeitreisenden nicht möglich sei. Denn die vierte Dimension „Zeit" sei doch etwas anderes als eine zusätzliche räumliche Dimension, und deshalb werde im vierdimensionalen Koordinatensystem der Welt die Zeitkoordinate mit der imaginären Einheit i, der Wurzel aus -1, multipliziert. Als Mathematiker hätte der Flachweltler verstanden, Ruhe gegeben und sich am Sehen im Dreidimensionalen erfreut.[11]

4.3.2   Sehen − Jenseits der Raum-Zeit

Wenn wir mit dem Erlöschen unserer Lebensprozesse „das Zeitliche segnen", zerbrechen unsere Bindungen an die

---

[11] Hätte er bis gegen Ende des 20. Jahrhunderts gelebt, hätte er sich vielleicht auch noch an der Entwicklung der String-Theorie der Elementarteilchenphysik beteiligt. In ihr kommen innerhalb der beobachtbaren vier Dimensionen auch noch höhere, gleichsam „zusammengerollte" räumliche Dimensionen vor.

Raum-Zeit. Was erwartet uns dann? Diejenigen, die an Gott glauben, können unter anderem auf den großen Überblick hoffen. Denn kommt der Mensch durch den Tod zu Gott, dann hat er vielleicht teil an dessen Schau der ganzen raumzeitlichen Schöpfung mit aller Evolution des Lebens und des Kosmos vom Anfang bis zum Ende.[12]

Als zweiten Schritt unseres Versuchs, eine Analogieschilderung des Sehens aus dem Jenseits in die Raum-Zeit-Welt zu geben, stellen wir uns zuerst vor, es gäbe einen Dokumentarfilm über die Evolution einer Flachwelt während der gesamten Zeit ihrer Existenz. Aufgenommen sei er aus so großer Raumwelt-Höhe über der Flachwelt, dass das Sichtfeld der Kamera bis zu den Grenzen der Flachwelt reicht. Die Evolution der Flachwelt kann man sich dann im Vorwärts- und Rückwärtslauf des Films anschauen. Sie kann auch „auf einmal" betrachtet werden, indem man sämtliche Einzelaufnahmen nacheinander auf der Innenfläche einer Kugel befestigt, deren Größe von der Zeitdauer der Flachwelt-Evolution (und den Abmessungen *einer* Flachweltaufnahme) abhängt. Diese Evolution sehen dann Beobachter im Kugelinneren beim Betrachten der Bildfläche.[13]

Die Schau in die Raum-Zeit-Welt aus dem Zustand jenseits von Raum und Zeit wäre analog zu diesem Sehen aus der Raumwelt auf die Flachwelt. Sie bestünde in der Betrachtung einer vierdimensionalen Hyperkugel, die sich aus allen

---

[12] Deshalb hätte auch niemand – wie weiland Ludwig Thomas „Münchner im Himmel" – im Gedanken an „ewiges Leben" himmlische Langeweile zu befürchten.

[13] Panoramabilder wie die in Frankenhausen oder Altötting und Sewastopol begnügen sich mit Zylindern oder Kugelsegmenten als Bildfläche.

dreidimensionalen Rundumaufnahmen des Universums – gemacht bis ins kleinste Detail zu jedem Zeitpunkt seiner Entwicklung zwischen Anfang und Ende – so zusammengesetzt wie im Dreidimensionalen eine Kugel aus unendlich vielen verschiedenen Kreisen aufgebaut ist.

Wie gesagt wissen Heilige schon seit Langem, dass Gott Raum und Zeit zusammen erschaffen hat. Der heilige Augustinus hat aus der Erkenntnis, dass der Schöpfer seine Schöpfung dann zu jedem Zeitpunkt ihrer Geschichte auch vollständig kennt, seine Prädestinationslehre entwickelt, derzufolge das Schicksal eines jeden Menschen vorherbestimmt sei. Doch folgt aus der Erkenntnis eines Vorgangs auch zwangsläufig die Existenz determinierter Zusammenhänge in allen Abläufen dieses Vorgangs, so dass sowohl der freie Wille des Menschen als auch quantenmechanische Zufallsereignisse (z. B. solche, die „Schrödingers Katze" aus Abschn. 3.2.2 betreffen) ausgeschlossen wären? Die erkennende Schau in und durch die vierdimensionale Raum-Zeit scheint diesen Schluss nicht zu erzwingen.

Vielleicht kann wiederum eine Analogie das erläutern. Nehmen wir an, die Handlungen eines Menschen in Verbindung mit quantenmechanischen Zufallsereignissen werden von einer Videokamera gefilmt. Zum Beispiel platziere ein Attentäter auf dem Bahnsteig einer U-Bahn zur Hauptverkehrszeit einen Sprengsatz, der wie im Fall von „Schrödingers Katze" durch einen atomaren Zerfallsprozess ausgelöst wird. Muss aus der Tatsache, dass man beim Betrachten des von der Überwachungskamera aufgenommenen Films immer wieder exakt dieselben Abläufe sieht, geschlossen werden, dass der gefilmte Mensch keinen freien Willen hat und dass das dokumentierte Zufallsereignis – sei es

Explosion oder Nicht-Explosion – in Wahrheit determiniert gewesen sei? Offenbar nicht. Ebensowenig dürfte die oben beschriebene Betrachtung der vierdimensionalen Raum-Zeit mit all ihren Ereignissen seit dem Anfang bis zum Ende der Welt die Existenz von freiem Willen und von Zufallsereignissen ausschließen.

Der um des Argumentes willen angeführte hypothetische, von einer Videokamera aufgenommene Attentatsversuch in der U-Bahn weckt Erinnerungen an reale Attentate in Europas blutiger Geschichte des 20. Jahrhunderts. Dabei stößt man wieder auf die Theodizee-Frage, warum der gute Gott das Leiden und das Böse in seine Schöpfung eingebaut hat. Niemand kann diese Frage beantworten. Aber es gibt Menschen, die in der Konfrontation mit dem Bösen und dem Leiden ihren Glauben an den guten Gott gelebt und bewiesen haben. Sie leuchten aus der dunkelsten, schändlichsten Epoche Deutschlands in die Gegenwart und geben Hoffnung für die Bewältigung der Krisen von morgen. Sie waren Angehörige des deutschen Widerstands gegen Hitler. Getragen wurde dieser Widerstand von Menschen ganz unterschiedlicher weltanschaulicher und beruflicher Prägung. Da waren Kommunisten, wie die um Harro-Schulze Boysen und Arved und Mildred Harnack gescharten Mitglieder der „Roten Kapelle", Sozialdemokraten wie Ernst von Harnack und Julius Leber, Juristen in der Wirtschaft wie Klaus Bonhoeffer oder im Staatsdienst wie Hans von Dohnanyi und Karl Sack, Offiziere wie Hans Oster, Henning von Treskow, Fabian von Schlabrendorff, Claus Schenk Graf von Stauffenberg, und Geistliche wie Dietrich Bonhoeffer aus dem Kreis der militärischen Abwehr und Alfred Delp aus dem Kreisauer Kreis.

Hier soll nur an ein fehlgeschlagenes Attentat auf Hitler während des 2. Weltkriegs erinnert werden [115, 116]. Am 13. März 1943 gelang es einer Arbeitsgemeinschaft von Verschwörern gegen Hitler, gebildet von den Offizieren Fabian von Schlabrendorff und Henning von Treskow und den Mitarbeitern der von Wilhelm Canaris geleiteten militärischen Abwehr Hans Oster und Hans von Dohnanyi, ein als Kognakflaschen getarntes Bombenpaket in das Flugzeug zu schmuggeln, das den Diktator nach einem Besuch an der Ostfront von Smolensk nach Rastenburg in Ostpreußen bringen sollte. Sprengstoff und Zeitzünder waren das Beste, was es damals gab: englische Produkte, die der Abwehr in die Hände gefallen waren. Kurz vor dem Start von Hitlers Maschine betätigte von Schlabrendorff den auf 30 min eingestellten Zeitzünder und übergab das Paket Oberst Brandt, einem Begleiter Hitlers, als Geschenk für General Schlieff. Nach mehr als zwei Stunden erfuhren die Verschwörer von der sicheren Landung Hitlers in Ostpreußen. Am Tag darauf flog von Schlabrendorff nach Rastenburg und ließ sich von Oberst Brandt das Paket zurückgeben – es habe eine Verwechslung vorgelegen. Im Schlafwagenzug nach Berlin öffnete von Schlabrendorff das Paket und stellte Folgendes fest: Die Auslösung der Zeitzündung – die Zertrümmerung eines Säurebehälters – hatte funktioniert. Die Säure hatte auch, wie vorgesehen, den Draht zerfressen, der einen Schlagbolzen gehalten hatte. Dieser war auch auf das Zündhütchen aufgeschlagen. Doch das Zündhütchen, das den Sprengstoff zünden sollte, hatte versagt – entweder wegen eines Fabrikationsfehlers oder wegen Kälte. Ein Versagen wegen Kälte war gelegentlich bei vorangegangenen Tests der

Verschwörer aufgetreten, und in der Hitlermaschine fiel gelegentlich die Heizung aus. Technischer Zufall hatte höchste Anstrengung menschlichen Willens durchkreuzt. Dabei ist es schwer vorstellbar, dass die Willensentscheidungen der Verschwörer nicht frei waren. Kamen sie doch alle aus dem konservativen bürgerlichen oder militärischen Milieu, in dem Staatstreue und Gehorsam an sich selbstverständlich waren. Aber in voller Kenntnis des Risikos wollten sie den Naziverbrechen, in die sie aufgrund ihrer Verantwortungsbereiche besondere Einsicht hatten, nicht untätig zusehen. Die meisten von ihnen bezahlten dafür mit ihrem Leben.

Schlugen alle Attentatsversuche auf Hitler fehl, damit sich im besiegten Deutschland keine neue Dolchstoßlegende bilden konnte? Wie auch immer man das Walten der von Hitler für sich beanspruchten „Vorsehung" beurteilen mag, den Christen unter den Widerstandskämpfern wurde der Glaube an den guten Gott nicht gebrochen, im Gegenteil. Wen bewegt nicht beim Singen aus evangelischen und katholischen Gesangbüchern Bonhoeffers (in Abschn. 2.2 wiedergegebenes) Weihnachtsgedicht aus dem Gestapo-Gefängnis „Von guten Mächten …"? In dessen dritter Strophe heißt es:

Und reichst du uns den schweren Kelch, den bittern
Des Leids, gefüllt bis an den höchsten Rand,
So nehmen wir ihn dankbar ohne Zittern
Aus deiner guten und geliebten Hand.

Was Bonhoeffer Weihnachten 1944 gedichtet hatte, hat er am 9. April 1945 bei seiner Hinrichtung im KZ Flossenbürg vollzogen. Der Lagerarzt, der den erst am Vorabend eingelieferten Bonhoeffer sah, ohne damals zu wissen, mit wem er es zu tun hatte, berichtete zehn Jahre später: „Am Morgen des betreffenden Tages etwa zwischen 5 und 6 Uhr wurden die Gefangenen, darunter Admiral Canaris, General Oster ...und Reichsgerichtsrat Sack, aus den Zellen geführt und die kriegsgerichtlichen Urteile verlesen. Durch die halbgeöffnete Tür eines Zimmers im Barackenbau sah ich vor der Ablegung der Häftlingskleidung Pastor Bonhoeffer in innigem Gebet mit seinem Herrgott knien. Die hingebungsvolle und erhörungsgewisse Art des Gebets dieses außerordentlich sympathischen Mannes hat mich auf das Tiefste erschüttert. Auch an der Richtstätte selbst verrichtete er noch ein kurzes Gebet und bestieg dann mutig und gefasst die Treppe zum Galgen. Der Tod erfolgte nach wenigen Sekunden. Ich habe in meiner fast 50jährigen ärztlichen Tätigkeit kaum je einen Mann so gottergeben sterben sehen." [117] Und der Jesuitenpater Alfred Delp sagte auf dem Weg unter den Galgen in Plötzensee am 2. Februar 1945 zum Gefängnispfarrer: „In wenigen Augenblicken weiß ich mehr als Sie."[14]

Bonhoeffer und Delp waren sich des Fallens in Gottes Hand gewiss. Das kann auch uns Zuversicht geben. Und die Hoffnung auf Gottes Nähe nach dem Durchschreiten des Todestors ist auch Hoffnung auf Teilhabe an Gottes Sehen seiner ganzen raum-zeitlichen Schöpfung und damit die Erfüllung des irdischen Strebens nach der wahren Sicht der Dinge. Doch alles Sehen in die Zeit dürfte verblassen vor dem Sehen der Herrlichkeit Gottes.

---

[14] http://de.wikipedia.org/wiki/Alfred_Delp.

5

Nachlese — Kern und Beiwerk kirchlicher Lehre

5.1 Credo — das Apostolische Glaubensbekenntnis

Der Glaube an Gott kann mit den Erkenntnissen der modernen Physik gut koexistieren. Es gibt kein Wissen um die Natur und kein Denken im Einklang mit diesem Wissen, die dem christlichen Glauben widersprechen. In diesem Sinne gehen Glaube und Vernunft Hand in Hand. Ohne naturwissenschaftliche Vorbehalte darf man es sprechen:

Das ökumenische Apostolische Glaubensbekenntnis
„Ich glaube an Gott, den allmächtigen Vater, Schöpfer des Himmels und der Erde und an Jesus Christus, seinen eingeborenen Sohn, unsern Herrn,
empfangen durch den Heiligen Geist, geboren von der Jungfrau Maria,
gelitten unter Pontius Pilatus, gekreuzigt, gestorben und begraben,
hinabgestiegen in das Reich des Todes,
am dritten Tage auferstanden von den Toten,

aufgefahren in den Himmel, er sitzt zur Rechten Gottes, des allmächtigen Vaters,
von dort wird er kommen zu richten die Lebenden und die Toten.
Ich glaube an den Heiligen Geist,
die heilige allgemeine Kirche, Gemeinschaft der Heiligen, Vergebung der Sünden, Auferstehung der Toten und das ewige Leben. Amen."

Es schließt auch ein: Ich glaube an Gott: Ein väterlich-mütterliches „Du" unbegrenzter Macht, das Raum und Zeit geschaffen hat und mit Energie, Materie und der Evolution aller Dinge und Lebewesen im Dasein hält.

Ich glaube, dass Gott die Liebe ist: Der „Vater" liebt den „Sohn", der „Sohn" liebt den „Vater", und diese Liebe ist der „Heilige Geist".

Ich glaube an das Unfassbare: Dass der all unser Vorstellungsvermögen übersteigende Gott sich herabgelassen hat, auch unsere Menschennatur anzunehmen durch einen Zeugungsakt in der Jungfrau Maria. Sie hat „seinen eingeborenen Sohn" Jesus, den Christus, als wahren Mensch in unsere Welt hineingeboren. Warum Gott sich so klein und mit uns Menschen so solidarisch macht, dass er wie wir durch Geburt, Freude, Leid und Tod geht, kann nur aus dem Wesen der Liebe erahnt werden.

Ich glaube, dass Jesus Christus aus dem Abgrund des Todes unser Menschsein mitgenommen hat in den Zustand des Glücks liebender Erkenntnis jenseits von Raum und Zeit. Im Tode verlassen wir Menschen die Raum-Zeit und treten vor Ihn hin. Ich hoffe, dass wir dann trotz brennender Selbsterkenntnis unserer Unzulänglichkeit durch seine Gnade bei ihm gehalten werden.

Ich glaube, dass das Evangelium Jesu Christi das Licht ist, das den guten Weg der Menschheit durch die Zeit erhellt. Ich hoffe, dass die Gemeinschaft der Christen, die sich Kirche nennt, trotz vielfacher Gebrochenheit dieses Licht nährt und unter Führung des Heiligen Geistes weiterträgt.

5.2 Dialog zwischen zwei Naturwissenschaftlern über das Credo

Hans Sillescu, emeritierter Professor der Physikalischen Chemie der Universität Mainz, hatte von einer früheren Version dieses Manuskripts und des Aufsatzes „Moderne Physik und christlicher Glaube" [118] erfahren. Er bat mich um deren Zusendung und schilderte in diesem Zusammenhang auch seinen Weg aus der Geborgenheit im evangelischen Glauben hinaus in die Glaubensferne und zurück in die evangelische Gemeinde nach einem Schicksalsschlag, der für mich die schwerste Glaubensprüfung bedeutet hätte. Heute bezeichnet er sich selbst als „hartgesottenen Agnostiker und gläubigen Christen". Über mehrere Monate tauschten wir uns per E-Mail aus. In seinen Kommentaren kritisierte er hauptsächlich meine Einstellung zum „Credo" und zur Jungfrauengeburt Jesu. Hier kann er, wie übrigens auch Theologen meines Bekanntenkreises, nicht verstehen, warum ich damit keine Probleme habe. Er bat dann eine ihm bekannte Professorin der Theoretischen Physik um eine Stellungnahme zur Jungfrauengeburt Jesu. Sie antwortete, dass auch sie damit keine Probleme habe, und ihre Begründungen, die mir Herr Sillescu mitteilte, gingen in dieselbe Richtung wie meine.

Zu Beginn unseres Dialogs hatte er mir im Herbst 2012 u. a. geschrieben: „Ich habe schon Ihren Aufsatz gelesen und das Buch von vorne und hinten begonnen. Ich denke auch, dass ,wir uns in unserer Beurteilung des Verhältnisses von Naturwissenschaft und Glauben nur wenig unterscheiden.' Allerdings gibt es einen Punkt in Ihrem Credo (am Ende des Buchs), wo ich aus konkretem Anlass noch genauer nachfragen möchte. . . . Glauben Sie, dass Gott bei dem ,Zeugungsakt' einen fertigen Embryo (mit göttlichen Genen) in den Leib von Maria eingepflanzt hat? Ohne moderne Genetik gab es dieses Problem ja schon im Altertum. Und auf dem Konzil zu Nizäa wurde zugunsten der Athanasianer beschlossen, dass Jesus ,eines Wesens mit dem Vater' ist, ,gezeugt, nicht geschaffen'. Das ,empfangen durch den Heiligen Geist' des apostolischen Glaubensbekenntnisses steht in Matth. 1,20: ,denn das in ihr geboren ist, das ist vom heiligen Geist'. Dort steht auch explizit, dass Josef nicht der leibliche Vater von Jesus ist. Zwar ist Josef entsprechend dem Stammbaum in Matth. 1,6 ff ein ,Sohn Davids'; Jesus ist aber offenbar nur ein Adoptivsohn. Wie gehen Sie mit diesem Problem um, das die Arianer und Athanasianer im 4. Jahrhundert gegeneinander aufbrachte? . . . Hier scheinen sich unsere Ansichten grundlegend zu unterscheiden. Für mich war Jesus ein echter ,Menschensohn' mit Genen von Maria und Joseph. Zum Christus wird er für mich durch das, was er gesagt und getan hat." Damit meint Sillescu Worte

Jesu zur Nächstenliebe, die seine christlichen Grundvorstellungen begründen und die für ihn „Gottes Wort" bedeuten, unabhängig davon, wer dieser Jesus von Nazareth historisch gewesen ist.

Ich antwortete darauf: „Früher hätte ich gesagt, dass für meinen Glauben nur die Auferstehung Christi wichtig ist. Ob Josef nun Jesu leiblicher Vater ist oder nicht, sei sekundär. Doch ich spräche das Glaubenbekenntnis ohne Auslassungen, weil ich keinen Grund sähe, mich aus der rund 1700 Jahre alten Glaubenstradition auszuklinken, nur weil ich ein Kind unseres ach so aufgeklärten 20. Jahrhunderts sei, dessen Torheiten nicht geringer sind als die früherer Zeiten. . . . Aber so einfach kann und will ich nicht mehr antworten. Jetzt ist für mich Jesu Zeugung durch den Heiligen Geist aus Maria der Jungfrau eine Vertiefung und Bereicherung meines Glaubens. Denn mit ihr beginnt die eigentlich unbegreifliche, ja unglaubliche Solidarität Gottes mit uns Menschen, die sich im Kreuzestod und dem Verzweiflungsschrei ‚Mein Gott, mein Gott, warum hast Du mich verlassen' vollendet. Jesus, unser Bruder, wahrer Mensch und wahrer Gott – höher kann der in der Vergangenheit und in unserer Zeit oft so erbärmlich geschundene Mensch nicht geadelt werden. Hierin liegt für mich der tiefste Grund der Menschenwürde und Menschenrechte sowie unserer Verantwortung dafür.[1]

---

[1] Die Korrekturleserin des Springer-Verlags, die dankenswerterweise verbliebene Tippfehler eliminierte und den (nicht immer eindeutigen Regeln) der neuen deutschen Rechtschreibung Geltung verschaffte, bemerkte zu diesem Absatz: „Eine Beweisführung für die Jungfernzeugung Jesu sehe ich in der Argumentation *nicht* als erbracht." Ich stimme ihr ausdrücklich zu. Nirgendwo erhebt das Buch

Ich weiß gar nicht mehr so recht, wann das bis in den Zeugungsakt reichende Bekenntnis ,Wahrer Mensch und wahrer Gott' für mich seinen jetzigen Stellenwert angenommen hat. Aber es dürfte mit den Erfahrungen in den Armenvierteln Calis und Bogotas zusammenhängen und der Hingabe, mit der (viel zu wenige) Ordensfrauen, Priester und Laien für die Menschen dort da sind. ... Die ,Goldene Regel' – ,Liebe Deinen Nächsten wie Dich selbst' in jüdisch-christlicher Überlieferung – gilt in allen Weltreligionen und Weisheitslehren. Aber dass hinter ihr die Autorität nicht nur eines großartigen Sohnes von Maria und Josef, sondern die ,von Gottes eingeborenem Sohn aus Maria der Jungfrau' steht, gibt ihr für mich das höchste Gewicht. ... Aber das ist nicht alles. ... Denn vom Urknall bis zum wie immer gearteten Ende der Welt ist alles schon ,immer da': die Evolution des Kosmos und des Lebens aus Energie und die Geschichte der Menschheit; und eingebettet in diese Geschichte Jesu Zeugung durch den Heiligen Geist, sein Leben, sein Sterben, seine Auferstehung – und seine Wiederkunft für jeden von uns in unserem Tod. Diese Sicht auf Gott und die Welt lassen mich alle Artikel des Credo vorbehaltlos sprechen."

Diese Einstellung zum Credo ist wahrscheinlich für viele, die mit den Meinungen moderner Theologen übereinstimmen, zu konservativ. Aber sie hat sich bei mir nun einmal so entwickelt.

---

den Anspruch, in Glaubenssachen irgendetwas zu *beweisen*. Es geht nur darum, darzulegen, dass man als Physiker nicht aus Vernunftgründen *gezwungen* ist, Aussagen des Credo abzulehnen. Warum ich der Jungfrauengeburt nicht mehr wie früher eher indifferent gegenüberstehe, versucht der Folgeabsatz anzudeuten.

Hans Sillescu antwortete, dass ihn hinsichtlich des Credo die Aussagen von Küng [119], Scholl [120] und Theißen [121] überzeugt hätten. Seine Einstellung zu biblischen Wundern, insbesondere auch zur Jungfrauengeburt Jesu, hat er im März 2013 zusammengefasst in einem Aufsatz „Denn bei Gott ist kein Ding unmöglich? Eine Betrachtung über biblische Wunder" [122]. Speziell zur Jungfrauengeburt führt er ein Zitat von Küng an, das auch die Haltung „moderner" Theologen im Gegensatz zu „konservativen" Theologen wie Joseph Ratzinger (Benedikt XVI.) widerspiegele: „Es ist unübersehbar: Etwas exklusiv Christliches ist gerade die Jungfrauengeburt aus sich selbst heraus nicht! Der Topos Jungfrauengeburt wird denn auch nach Auffassung heutiger Exegese von den beiden Evangelisten als ‚ätiologische' Legende oder Sage benützt, welche im nachhinein eine ‚Begründung' (griech. *Aitia*) für die Gottessohnschaft liefern soll." [119] Sillescu fährt danach fort: „Ist also Jesus nur ein besonders genialer Mensch, ein ‚Menschensohn' wie er sich selber nannte? Nein, aber für mich wird er zum ‚Christus' nicht durch ein biologisches Wunder, sondern durch das, was er gesagt und getan hat." Er beschließt den Aufsatz mit seiner Folgerung aus dem Petrus-Bekenntnis an Jesus: „‚Du hast Worte des ewigen Lebens; und wir haben geglaubt und erkannt, dass Du bist Christus, der Sohn des lebendigen Gottes' (Joh. 6, 66–69). Vielleicht wurden diese Worte erst siebzig Jahre nach Jesu Tod aufgeschrieben; und sie geben das Verständnis eines Christen dieser Zeit wieder. Aber auch für heutige Christen können sie ‚Gottes Wort' bedeuten. Und wer sich beim Aufsagen des apostolischen Glaubensbekenntnisses im Gottesdienst fragt, was

denn nach ‚über zweihundert Jahren historisch-kritischer Bibelforschung' von seinem alten Credo noch übriggeblieben ist, kann sich diese Worte zu Herzen nehmen. Und er kann dem guten Rat von Paul Gerhardt folgen:
‚Befiehl Du Deine Wege, und was Dein Herze kränkt
Der allertreusten Pflege des, der den Himmel lenkt.
Der Wolken, Luft und Winden gibt Wege, Lauf und Bahn,
Der wird auch Wege finden, da dein Fuß gehen kann.'"

Während der Einarbeitung wichtiger Anregungen zur Verknüpfung der Buchkapitel, die mir dankenswerterweise die Lektorin des Buches, Frau Vera Spillner, gegeben hat, erreichten mich weitere kritische Anmerkungen von Hans Sillescu. Die letzte Zusammenfassung seiner Kritik steht in den mir am 15.02.2014 geschickten *Überlegungen zur Vorstellung eines Schöpfergottes außerhalb der Raumzeit*, von Hans Sillescu.

Darin heißt es: „Zur Problematik der Vorstellung eines außerhalb eines quantenmechanischen Blockuniversums existierenden Schöpfergottes möchte ich an die Diskussion um die ‚Qualia' (z. B. die ‚Röte' der Farbe rot) in der Philosophie des Geistes erinnern. Es geht hier darum, wie Bewusstseinszustände mit Gehirnzuständen zusammenhängen (*The hard problem* nach David Chalmers). Besonders Thomas Nagel hat in *What it is like to be a bat* und in seinem Buch *The View from Nowhere* (‚Der Blick von nirgendwo') die Unlösbarkeit dieses Problems begründet. Er begründet auch, warum eine Betrachtung der ‚Welt' von außerhalb für einen Menschen letztlich an seinem grundsätzlich subjektiven Erkennen scheitert. Ich glaube, er betont hier die Bedeutung der Selbstreferenz (Lügner-Paradoxon), die auch für mich gewissermaßen ‚des Pudels Kern' ist. Weil ich nicht von ‚Gott außerhalb der Raumzeit' spreche, sondern immer nur von menschlichen Gottesvorstellungen, sind diese natürlich auch von dem Problem der Selbstreferenz betroffen.

Neben dem Problem der Selbstreferenz in jeder menschlichen Vorstellung eines Schöpfergottes besteht noch die grundsätzliche Problematik zum ontologischen Status eines ‚Blockuniversums' (siehe dazu auch den Beitrag im Wikipedia Lexikon http://de.wikipedia.org/wiki/Blockuniversum, Zugriff am 15.2.2014). Betrachtet man ein Blockuniversum im Rahmen des heutigen Standardmodells (ΛCDM-Modell), so ist die dort im Rahmen der FRWL-Metrik definierte Raumzeit zur Beschreibung der im normalen Menschenleben ablaufenden Zeit ungeeignet. Das Modell beschreibt ja das Universum auf einer Längenskala oberhalb von 100 Mio. Lichtjahren, auf der die Verteilung der Galaxienhaufen homogen und isotrop ist. Das heißt, die Zeit als Parameter in den unitären Transformationen der nichtrelativistischen Quantentheorie, die mit dem ‚Quantenzufall' zu tun hat, spielt in dieser großräumigen Astrophysik fast keine Rolle. Ähnliches gilt für die Zeit in klassischen ‚chaotischen' Prozessen oder in der ‚Evolution des Lebens'. Jeder Versuch, sich einen Schöpfergott außerhalb dieses Blockuniversums vorzustellen, muss daher von der subjektiven Erfahrung menschlicher Individuen abhängen. Allgemein verbindliche Aussagen über den ontologischen Status der Welt sind auf diesem Weg nicht möglich.

Kümmel schreibt in Abschn. 4.2 seines Buchs: ‚Ein Schöpfergott, so es ihn gibt, ist unabhängig von der durch ihn geschaffenen Raum-Zeit und steht, so er will, über ihr. Darum fallen für ihn Anfang und Ende der Geschichte zusammen. So gesehen ist Gott gleichzeitig mit aller Zeit.' Daraus schließt Kümmel auf eine ‚Gegenwart' Gottes, die im Sinne einer *coincidentia oppositorum* und einer *creatio continua* die Welt durchdringt und Gottes Eingreifen in das Leben von in der Zeit lebenden Menschen ermöglicht, etwa durch ‚die vom Neuen Testament berichteten ‚wunder'samen Ereignisse in Jesu Menschwerdung, Leben und Auferstehung'. Meiner Auffassung nach wird dabei übersehen, dass die ‚Gegenwart Gottes' grundsätzlich verschieden ist von jeder menschlichen Gegenwart. Als subjektive Meinung, die Reiner Kümmel aufgrund persönlicher Glaubenserfahrungen gewonnen hat, kann ich derartige Aussagen über biblische Wunder akzeptieren. Sein Vergleich mit kontra-intuitiven Eigenheiten der modernen Physik erscheint mir dagegen wenig plausibel.

Dass Gott *jenseits* aller menschlichen Zeit ist und dennoch von *in der Zeit* lebenden Menschen im Glauben erfahren wird, ist für mich ein Zeichen dafür, dass Gott auch *jenseits* aller menschlichen Logik ist und handelt. Dieses ‚jenseits' gilt auch für die ‚Quantenlogik'. Das Gebot ‚Du sollst dir kein Bildnis noch irgend ein Gleichnis machen ...' (2. Mose 20,4) bezog sich zwar im alten Israel auf verbotene Götzenbilder. Es kann aber für heutige Menschen als Hinweis auf die Fragwürdigkeit aller menschlichen Gottesvorstellungen angesehen werden. Dies schließt für mich auch die Vorstellung eines Gottes außerhalb der Raumzeit ein. Die Analogie mit dem ‚Bericht eines Flachland-Bewohners' (Kümmel, Abschn. 4.3.1) erscheint mir daher wenig plausibel. Kümmel verweist ja auch selber auf die imaginäre Einheit i, die Wurzel aus -1, in der Metrik der Relativitätstheorie (imaginäre Zeitkoordinate *it*); entsprechendes findet sich auch in der FRWL-Metrik des kosmologischen ΛCDM-Modells wieder. Auch die Analogie zu einem Film, in dem die Handlungen eines Menschen in Verbindung mit quantenmechanischen Zufallsereignissen von einer Videokamera gefilmt werden (Kümmel, Abschn. 4.3.2), hilft mir nicht weiter. Kümmel meint ja wohl auch nicht, dass ‚Gott‘ nur als Zuschauer das Weltgeschehen von einer Position außerhalb der Raumzeit beobachtet. Insofern hinkt der Vergleich auch als Analogie für das, was einen Menschen vielleicht nach seiner Auferstehung erwartet (vergl. 1. Kor. 13, 12).

Zusammenfassend kann man vielleicht sagen, dass meine oben formulierte Meinung zu meinem Selbstverständnis als ‚hartgesottener Agnostiker‘ passt, während Reiner Kümmel versucht, Brücken zu einem Weltverständnis zu bauen, in dem auch das apostolische Glaubensbekenntnis einen wohlbegründeten Platz findet.“

Herr Sillescu ist damit einverstanden, dass diese Kritik als Abschluss unseres Dialogs ins Buch aufgenommen wird, zusammen mit meiner folgenden Erwiderung, die er kennt.

Antwort an Hans Sillescu   Menschen haben Gott erfahren, wie in Kap. 2 berichtet. Daraus haben sich ihre Gottesvorstellungen entwickelt. Dazu gehört auch die Vorstellung, dass Gott die natürliche Welt erschaffen hat. Die Erfahrungswissenschaft Physik hat erkannt, dass die natürliche Welt von den drei räumlichen Dimensionen und der vierten Dimension Zeit umfangen wird. Muss man dann nicht schließen, dass der Schöpfergott, der Raum und Zeit erschaffen hat, jenseits der Raum-Zeit-Welt lebt, auch wenn er sie zugleich ganz und gar durchdringt? Angesichts der Problematik subjektiver Bewusstseins- und Gehirnzustände wage ich nicht zu behaupten, dass es eine universelle Logik gibt, die diesen Schluss erzwingt. Aber ist er nicht plausibel? Ist es dann nicht auch ähnlich plausibel, ja vielleicht sogar trivial, dass die von ihrem Anfang bis zu ihrem Ende „auf einmal" mit all ihren Ereignissen erschaffene Raum-Zeit-Welt keines zusätzlichen Eingreifens Gottes bedarf, damit die Menschen in ihr „Wunder" und quantenmechanische Zufallsereignisse erfahren? Wenn die vierdimensionale Welt offen vor den Augen ihres Schöpfers liegt, scheint auch die Vorstellung nicht unplausibel zu sein, dass ein Mensch, der durch den Tod in Gottes Nähe kommt und dann eben *nicht* mehr dem Fließen der Zeit und den Beschränkungen irdischer Gehirn- und Bewusstseinszustände unterworfen ist, ähnlich wie Gott, doch keineswegs gleicherweise, in die Raum-Zeit sehen kann. Dabei weisen die kontra-intuitiven Eigenheiten der modernen Physik darauf hin, dass derartige Vorstellungen unserer Alltagsvernunft nicht mehr zumuten als die moderne Physik.

Hans Sillescu hat völlig Recht, wenn er betont, dass Gott auch *jenseits* aller menschlichen Logik ist und handelt. Deshalb ist alles Reden von Gott immer nur ein Stammeln. Dass es sich stützt auf die Krücke von Bildern wie denen von Gottes Augen und Händen, ist vielleicht gerechtfertigt durch die Aussage der Bibel, dass Gott den Menschen als sein Ebenbild geschafffen hat und dass sein Sohn Jesus Christus Mensch geworden ist. Viel schwächer als diese Bilder sind gewiss die in Abschn. 4.3.2 bemühten Analogien, die sich an die Abenteuer eines Flachweltbewohners in zwei und drei

Dimensionen anlehnen. Auf das Buch *Flatland* hatte mich Anfang der 1970er-Jahre ein Kollege im Departamento de Física der Universidad del Valle in Cali, Kolumbien, bei einem Gespräch über Religion hingewiesen, und der am Anfang von Kap. 2 erwähnte atheistische Physiker von der Pennsylvania State University antwortete mir bei unserem im Februar 2014 geführten Frühstücksgespräch über Gott auf meine Frage: „By the way, do you know Flatland?" mit Nachdruck: „Yes, I do. It is great." Ich verstehe gut, dass die aus *Flatland* entwickelten Analogien einen Naturwissenschaftler und Christen wie Hans Sillescu, dessen Glaubensweg mich tief beeindruckt, nicht zufriedenstellen. Aber vielleicht bewegen sie dennoch, in Verbindung mit Sillescus Kritik am Buch, die eine Leserin und den anderen Leser zu weiterem Nachdenken über Gott und die Welt.

5.3 Exegese-Splitter zu Jesu Geburt – Grenzen der historisch-kritischen Methode

Die unterschiedlichen Ansichten von Hans Sillescu und mir zu einigen biblischen Berichten und Artikeln des Credo mögen so stehen bleiben. Bestehen bleibt bei mir die Überzeugung, dass die naturwissenschaftliche Vernunft nicht gegen das Credo spricht. Doch gibt es eine geisteswissenschaftliche, konkret: exegetische Vernunft, die zwingende historische und literaturkritische Argumente dafür liefert, dass man die im Neuen Testament berichteten kontingenten Ereignisse als Legendenbildung der nachösterlichen

Gemeinde verstehen *muss*? Moderne Exegeten scheinen hier durchaus geteilter Meinung zu sein. Ein aufschlussreiches Beispiel ist die exegetische Diskussion um den von Küng angeführten Legendencharakter der Berichte von Jesu Jungfrauengeburt.

Anpassung an antike Mythen? Die „Entmythologisierung des Neuen Testaments" hat bei nicht wenigen gläubigen Christen zur Akzeptanz der These geführt, dass Jungfrauengeburten von Göttern und Heroen zur antiken Vorstellungswelt gehörten und dass die Evangelisten Matthäus und Lukas ihre Verkündigung mit den Berichten über die Jungfrauengeburt Jesu daran angepasst hätten. Doch hätte der Einbau antiker Mythen den Evangelien von Matthäus und Lukas bei ihren Lesern tatsächlich größere Überzeugungskraft verliehen? Einiges spricht dagegen.

Gemäß den Kommentaren zur Einheitsübersetzung der Heiligen Schrift aus dem Jahr 1980 wurde das Matthäus-Evangelium um etwa 80 nach Chr. in einem Gebiet verfasst, „in dem Christen und Juden zusammenlebten". Lukas hingegen wollte zu etwa derselben Zeit „ein Schriftwerk für gebildete Heiden und Heidenchristen schaffen". Wie empfänglich war dieses Publikum für Berichte über eine jungfräuliche Empfängnis in Anlehnung an hellenistische Mythen?

In dem Sammelband „Zum Thema Jungfrauengeburt" [123] schreibt dazu Otto Knoch [124]: „Der Einfluß heidnischer Vorstellungen, vor allem der hellenistischen Umwelt, von der Zeugung von Göttersöhnen durch den ehelichen Umgang von Göttern mit menschlichen Frauen ist a priori auszuschließen, da die von Matthäus und Lukas benützte Quelle deutlich aus judenchristlicher Hand stammt. Die Gottesoffenbarung des Alten Testamentes ließ eine solche Vorstellung nicht zu, da der Gott der Offenbarung grundsätzlich übergeschlechtlicher und rein geistiger Natur ist und da er die Unzuchtskultur der jüdischen Umwelt verurteilte und den Abfall Israels zu ihnen scharf bestrafte. Außerdem wurden zur Zeit Jesu die entsprechenden Göttergeschichten von den philosophisch gebildeten und aufgeklärten Heiden des hellenistischen Raumes nicht mehr als wahr angenommen, sondern als dem Wesen des Göttlichen widersprechend abgelehnt, ja verspottet. Vor allem aber schließt der scheu verhüllende Hinweis auf das Wirken des Geistes Gottes an Maria und das Fehlen jeglicher sexueller oder erotischer Vorstellung von einer ‚heiligen Hochzeit' in Mt 1, 18–25 das Hereinwirken entsprechender heidnischer Vorstellungen auf die Empfängnis und Geburt Jesu grundsätzlich aus."

Zur selben Frage führt Gisela Lattke [125] aus: „Für unsere Kindheitsgeschichte hat man sich vielfach bemüht, wunderbare Geburtsgeschichten aus anderen Religionen heranzuziehen. Hier sollen einige Beispiele und deren Problematik angeführt werden.

Nach indischer Anschauung soll Buddha auf wunderbare Weise geboren werden. Aber schon Clemen bemerkt dazu: ‚Allerdings handelt es sich bei Buddha wenigstens in älterer Zeit gar nicht um eine jungfräuliche, sondern nur um eine wunderbare Geburt, und zwar ganz besonderer Art: er geht in Gestalt eines kleinen weißen Elefanten in den Leib der Königin Maya ein und wird so von ihr geboren. Erst eine spätere buddhistische Schule, die Lokottardvādim Mahāsānghikas lehrten die Bodisattvas oder künftigen Buddhas würden jungfräulich geboren, aber wenngleich diese Anschauung vorchristlich sein könnte, so wird sie doch so früh, wie es für unseren Zweck der Fall sein müsste, noch nicht im Westen bekannt gewesen sein'. . . .

Weiter gibt es den persischen Mythos, dass der Same des Zarathustra in einem See aufbewahrt werde, in dem dann ein jungfräuliches Mädchen bade, um mit dem Saoshyant schwanger zu werden. Schließlich herrscht in Ägypten die Vorstellung, nach der der ‚höchste Gott' Amon-Re mit der jungen Königin den ägyptischen König zeugt.

Auch im Griechentum kehrt die Sage von der Liebe und ehelichen Beiwohnung der Götter mit Menschentöchtern in vielfacher Gestalt wieder. Hier wird die wunderbare Geburt nicht nur von Helden und Königen der Sage, sondern sogar von geschichtlichen Personen behauptet. Demnach sollen Pythagoras und Platon Kinder des Apoll gewesen sein.

Nun ist allen diesen Sagen gemeinsam, dass sie von einer wunderbaren, aber nicht jungfräulichen, d. h. vaterlosen Geburt sprechen. Gerade in den griechischen und ägyptischen Mythen, mit denen das Judentum noch am ehesten in Berührung gekommen sein könnte, herrscht die Vorstellung vom geschlechtlichen Verkehr eines Gottes mit einer menschlichen Frau. Eine solche Theogamie-Vorstellung ist aber dem Judentum wohl fremd. Der strenge jüdische Monotheismus, der zudem einen spiritualistischen Gottesbegriff hatte, konnte nicht denken, Jahwe habe in irgendeiner Gestalt Weib und Kind besessen. . . .“

Karl Rahner [126] ergänzt: „Auf jeden Fall sollte man nicht behaupten, es sei *nachgewiesen*, dass die Jungfrauengeburt der Schrift in den antiken Mythen von einem *hieros gamos* oder in den Vorstellungen in der jüdischen Umwelt zur Zeit Jesu wirklich produktiv wirkende Vorbilder gehabt habe." Er verweist auf weitere Autoren wie Dibelius, der aufgezeigt habe, „dass kein mythologisches Verständnis, wie wir es aus dem hellenistischen Synkretismus kennen, vorliegt."

Schriftbeweise aus dem Alten Testament? Den jüdischen und gebildeten hellenistischen Zeitgenossen von Matthäus und Lukas dürften also die Berichte von der Jungfrauengeburt Jesu eher ein Ärgernis denn eine Verstehenshilfe gewesen sein. Darum suchten die Evangelisten ihre aus der Auferstehung Jesu folgende Überzeugung, dass Jesus schon aufgrund seiner Empfängnis durch den Heiligen Geist Gottes Sohn ist, aus dem Alten Testament, insbesondere Jesaja 7,14, zu belegen. Doch hier gibt es Übersetzungsprobleme, auf die Rudolf Kilian [127] hinweist: „Wer immer sich mit der Frage der Jungfrauengeburt befasst, wird sich früher oder später auch mit der Stelle Jes 7,14 beschäftigen müssen, die in die Kindheitsgeschichte des Matthäus-Evangeliums Aufnahme gefunden hat. Mt 1,22 f zitiert das Prophetenwort und stellt fest, dass dieses Wort nun erfüllt ist: ‚Dies alles geschah, damit erfüllt würde, was vom Herrn durch den Propheten gesprochen wurde, der sagte: Siehe, die Jungfrau wird empfangen und einen Sohn gebären, und seinen Namen wird man Emmanuel nennen.' So eindeutig dieser Text zu sein scheint, so wenig eindeutig ist er, wenn man das Prophetenwort im hebräischen Urtext liest. Denn dieser kann auf verschiedene Weise übersetzt werden: ‚Siehe, das Mädchen wird empfangen, einen Sohn gebären und seinen Namen Immanuel nennen‘, oder: ‚Siehe, die junge Frau ist schwanger, wird einen Sohn gebären (gebiert einen Sohn) und wird seinen Namen Immanuel nennen.‘" Kilian zeigt dann anhand einer Reihe von Stellen des hebräischen Alten Testaments auf, dass das in Jesaja 7,14 gebrauchte Wort ‘almā „die Jungfräulichkeit weder fordert noch ausschließt". Im Übrigen ließe sich dem Text auch nicht entnehmen, dass mit dem in Jesaja 7,14 angekündigten Immanuel der Messias gemeint sei. Otto Knoch [128] ergänzt dazu: „Die Begründung des Geschehens" (d. h. der jungfräulichen Empfängnis Jesu) „soll – es handelt sich bei den Adressaten dieses Stückes um Juden und Judenchristen – dieses als schriftgemäß erweisen. Dazu bedient sich der Autor der griechischen Übersetzung des Alten Testamentes, da nur in dieser Übersetzung deutlich das heraustritt, was er als Christ sagen will: ‚die Jungfrau, *parthenos*, wird empfangen und gebären.‘ Aber, wie bereits gesagt, die Juden zur Zeit Jesu, auch die griechisch sprechenden, verstanden Jesaja 7,14 nicht als messianische Verheißung und deuteten – vom hebräischen Text her – das *parthenos* als jungverheiratete, noch kinderlose Frau. Es handelt sich auch hier um einen christlichen Schriftbeweis, der nur in einer Hinsicht zwingend ist: er bringt unmissverständlich zum Ausdruck, was Matthäus … hier sagen will: Jesus … ist nicht das Kind eines menschlichen Vaters, sondern er verdankt sein Werden und seine Existenz Gottes schöpferischem Eingreifen."

Jesu Geburt und Tod: Die „laut schreienden Geheimnisse, die in Gottes Stille vollbracht wurden" Jesus Christus, Menschensohn und Gottessohn, steht im Zentrum der Verkündigung des christlichen Glaubens, der sich nach seiner Auferstehung entfaltete. Aussagen über Maria dienen (lediglich) der Vertiefung dieses Glaubens. Darum rang die alte Kirche, deren Zeugnis K. Suso Frank beschreibt [129]: „Dem Neuen Testament fehlt ein eigentliches mariologisches Interesse. Die gleiche Auskunft gilt auch für die frühesten Äußerungen kirchlichen Lebens und kirchlicher Frömmigkeit. Das heißt freilich nicht, dass die alte Kirche an die Person und das Geschick Mariens gar keine Frage gestellt und dazu keine Antwort bereit gehabt hätte. Maria ist untrennbar mit dem menschgewordenen Gottessohn verknüpft. Alles Sinnen und Fragen über ihn ist deshalb notwendigerweise auch zu einem solchen über die Gestalt der Gottesmutter geworden. Gerade die ersten fünf Jahrhunderte der Kirchengeschichte waren erfüllt vom eifrigsten Suchen und Ringen um die Erschließung des Christusgeheimnisses. Es war ein langsames, beschwerliches Vortasten, ein Suchen und Gehen auf Wegen, die keineswegs immer zu einem klaren Ziel führten, bis 451 auf dem Konzil von Chalcedon der Ertrag der altkirchlichen Christuslehre in feste Formeln gefasst werden konnte. … Die Kirchenväter als eigentliche Träger dieser Entwicklung wussten wohl um die Begrenztheit und Bedingtheit ihrer Aussagen: ,Das Alte Testament hat den Vater deutlich verkündet, den Sohn nur auf schwer zu erkennende Weise. Das Neue Testament hat den Sohn offenbart und die Gottheit des Heiligen Geistes versteckt angedeutet. Jetzt wohnt der Geist unter uns und offenbart sich noch deutlicher. … durch Vordringen und Fortschreiten von Klarheit zu Klarheit sollte das Licht der Dreifaltigkeit … aufstrahlen.'[2] … Mit leidenschaftlichen Worten tritt Ignatius von Antiochien im frühen zweiten Jahrhundert für die wahre Christuslehre ein. … Die Betonung von Jesu ganzer Menschlichkeit und der wirklichen Geburt aus Maria ist ihm zentrales Anliegen in seiner Christusverkündigung. … Mit dem ‚Tod des Herrn' gehören ‚Mariens Jungfrauschaft und ihr Gebären' zu den ‚laut schreienden Geheimnissen, die in Gottes Stille vollbracht wurden.' … Die nächste Auskunft gibt uns in der Mitte des 2. Jahrhunderts Justin, der Philosoph und Märtyrer. Die jungfräuliche Geburt Jesu ist ihm selbstverständliches Gut christlicher Überlieferung. Da sie weder Juden noch Heiden eingehen will, verteidigt er ihre Wahrheit. … Gegen Ende des 2. Jahrhunderts wurde das Offenbarungsgut durch die Festsetzung des neutestamentlichen Kanons und die gleicherweise normierende Kraft der kirchlichen Überlieferung in der sogenannten ‚Glaubensregel' … fest umschrieben. … Das Bekenntnis zu ‚Jesus Christus, geboren aus der Jungfrau Maria', gehört dabei sicher zu den unbestrittenen Grundformeln. ‚Ich glaube an Jesus Christus, der geboren wurde vom Hl. Geist aus der Jungfrau Maria' bekannte der Täufling in Rom im frühen 3. Jahrhundert vor seiner Taufe.[3]"

Vertrauen auf den Heiligen Geist   Eine von der modernen historisch-kritischen Exegese vieldiskutierte Frage ist, ob es

---

[2] Gregor von Nazianz, Theol. Reden 5,26.

[3] Hyppolyt, Apostolische Kirchenordnung 21.

sich bei der von Matthäus und Lukas berichteten Jungfrauengeburt lediglich um ein Theologumenon handelt, „d. h.
um die geschichtliche Einkleidung der Glaubensüberzeugung . . . , Jesus sei als der Messias nicht nur wahrer Mensch,
sondern auch Gottes Sohn im eigentlichen Sinne." Der Frei-
singer katholische Exeget J. Michl stellt dazu fest: „Handelt
es sich bei der Empfängnis Jesu von einer Jungfrau um ein
historisches Faktum oder um ein Theologumenon? Eine kritische Untersuchung kann Gründe herausstellen, die die
Annahme eines historischen Faktums nahelegen: sie muss
aber auch zugeben, dass Umstände vorhanden sind, die
für die gegenteilige These eines bloßen Theologumenons
sprechen. Hier werden Grenzen der historisch-kritischen
Exegese sichtbar, die eine Entscheidung verhindern." [130]
Welches Gewicht derartigen exegetischen Unsicherheiten
zukommt neben der Tatsache, dass die Evangelisten Markus
und Johannes nichts von einer Jungfrauengeburt berichten,
sei dahingestellt. Fest steht jedoch, dass sich die Glaubensüberzeugung von der Jungfrauengeburt Jesu Christi in den
ersten nachchristlichen Jahrhunderten herausgebildet hat.
Die Christen waren damals von der Führung durch den
Heiligen Geist überzeugt, und die Kirche ist es auch heute: „Wenn aber er, der Geist der Wahrheit, kommt, wird er
euch in alle Wahrheit einführen" (Joh., 16,13). Glaubt man
an diese Führung und bedenkt man, dass Naturwissenschaft
und Exegese ihre Grenzen kennen und nicht zur Widerlegung von Artikeln des Glaubensbekenntnisses taugen, kann
man sein Leben auch getrost an der ins Credo gegossenen
Glaubensüberzeugung orientieren.

5.4 Naturrecht – seine Überdehnung in der katholischen Morallehre

So frei und unbekümmert wir das Credo der Kirche sprechen und so vertrauensvoll wir danach leben können, wird dennoch das Einvernehmen von Glauben und Vernunft gestört, wenn naturwissenschaftliche Erkenntnisse ignoriert oder in religiöser Kurzsichtigkeit abgelehnt werden. So erzeugen evangelikale Fundamentalisten[4] und katholische Anhänger des „Naturrechts" Spannungen zwischen Naturwissenschaft und Glauben, die schmerzen. Denn diese Spannungen sind mit Schuld daran, dass immer mehr Zeitgenossen sich gar nicht mehr für Religion interessieren, sondern sie in Unkenntnis der wahren Verhältnisse als etwas „Mittelalterliches" abtun. Als katholischer Naturwissenschaftler will ich mich aufs Kehren vor der eigenen Haustür beschränken und etwas zur Überdehnung des „Naturrechts" in der katholischen Kirche sagen.

Solange Menschen die Natur und sich beobachten, wissen sie, dass bei der Vereinigung von Frau und Mann ein neuer Mensch entstehen *kann*. Vatikanische Lehrschreiben

---

[4] Evangelikale Fundamentalisten nehmen die Schöpfungsgeschichte des biblischen Buches „Genesis" wörtlich. Sie verlangen, dass im Schulunterricht auch gelehrt werde, dass die Welt vor ca. 6000 Jahren in sechs mal 24 Stunden erschaffen wurde. Dies sei eine bedenkenswerte Alternative zu der wissenschaftlich erwiesenen Tatsache, dass Sonne und Erde vor ca. vier Milliarden Jahren entstanden sind und sich das Leben seitdem auf der Erde schrittweise entwickelt hat. Während der in vielen Kulturkreisen verbreitete Glaube an einen Schöpfergott unwiderlegbar ist, spricht für das Missverständnis, „Genesis" sei ein naturwissenschaftlicher Faktenbericht, etwa ebenso viel wie für die Auffassung, die Erde sei eine Scheibe.

schließen daraus, dass jede Vereinigung für die Zeugung eines Kindes „offen" sein *muss*. Jede Maßnahme beim Akt mit dem Ziel einer Empfängnisverhütung verstoße gegen Gottes Wille, den die Vernunft aus der menschlichen Natur erkenne.

Im vorindustriellen Zeitalter hoher Kindersterblichkeit waren hohe Geburtenraten zur Erhaltung des Menschengeschlechts, zur Produktion von Arbeitskräften in der Landwirtschaft und zur sozialen Absicherung im Alter wichtig. Die kirchliche Morallehre, wenn auch individuell oft ignoriert, war gesellschaftlich unproblematisch. Dass die Frauen, im Kindbett oder nach vielen Geburten physisch erschöpft, oft früh starben, wurde als unabänderliches Schicksal hingenommen. Doch inzwischen dienen in den Industrieländern jedem Menschen mehr als 40 Energiesklaven, die in unseren energiegetriebenen Maschinen werkeln und je Energiesklave so viel Energiedienstleistung erbringen, wie sie der schweren körperlichen Arbeit eines Menschen entspricht. Im Vergleich zu vorindustriellen Zeiten werden Kinder heute weit weniger als familiäre Arbeitskräfte und für die Alterssicherung benötigt[5] und weit mehr als Quelle familiären Glücks gewollt. Wie viele Kinder familiäres Glück bedeuten, hängt von den Lebensumständen der Eltern ab. Zudem hat der medizinische Fortschritt die Sterblichkeitsrate von Jung und

---

[5] Würde man die Steuer- und Abgabenlast vom schwachen, teuren Produktionsfaktor Arbeit auf den (immer noch) billigen, produktionsmächtigen Faktor Energie verlagern, würden die Energiesklaven die Rente und andere Leistungen der Sozialversicherung bezahlen, und die demografische Entwicklung Deutschlands erschiene für die Zukunft der Sozialsysteme weniger bedrohlich als unter den gegenwärtigen wirtschaftlichen Rahmenbedingungen [87].

Alt so stark abgesenkt, dass Überbevölkerung heute ein größeres Problem darstellt als die Erhaltung der menschlichen Art. Der Fluss der Zeit hat Frau, Mann und Gesellschaft in einen neuen Zustand getragen, dem sich anzupassen die Vernunft gebietet.

Angesichts der Komplexität des Menschen und der menschlichen Gemeinschaften müssen alle Wissenschaften zusammenwirken, um die richtigen Verhaltensanpassungen zu erkennen. Darum hatte der Vatikan in den 1960er-Jahren eine Expertenkommission aus Biologen, Medizinern, Psychologen, Sozialwissenschaftlern und Theologen berufen[6], die im Wissen um die biologischen und medizinischen Fortschritte und die sich wandelnden gesellschaftlichen Verhältnisse Methoden der Empfängnisverhütung beurteilen sollten. Die Experten stellten in einem eindeutigen Votum fest, dass man aus der Natur des Menschen keine moralischen Vorschriften hinsichtlich jener Verhütungsmittel ableiten könne, die das Verschmelzen von männlicher Samen- und weiblicher Eizelle verhindern. Doch das kirchliche Lehramt hat sich mit der Enzyklika *Humanae Vitae* über dieses Votum hinweggesetzt. Für die liebende Vereinigung von Frau und Mann, die die Bibel so schön mit „Erkennen" bezeichnet, sei nur die angeblich „natürliche" Methode der Zeitenwahl zur Begrenzung der Kinderzahl zulässig. Eheleute, denen diese Methode zu unsicher ist, werden auf Enthaltsamkeit in Form der „Josefs-Ehe" verwiesen. Die Lebenswissenschaften hatten ihr Urteil bald gefällt: *„Bad theology because of bad biology."*

---

[6] http://www.kath-info.de/humanaevitae.html, Zugriff am 12.08.2013.

In Kenntnis der Praxis gläubiger Katholiken, die voll zu der kirchlichen Lehre stehen, dass eine Ehe auch die Bereitschaft zur Weitergabe des Lebens an Kinder einschließen muss, die jedoch Zeitpunkte der Zeugung und Zahl der Kinder eigenverantwortlich entscheiden, hatten die Deutschen Bischöfe in ihrer „Königsteiner Erklärung" vom 30.08.1968 nach angemessener Würdigung der Enzyklika *Humanae Vitae* auch an den von der katholischen Kirche seit langem betonten Vorrang der Gewissensentscheidung erinnert. Das wirkte befreiend und befriedend für Priester und Laien. Doch gegen die „Königsteiner Erklärung" erhebt sich neuerdings Widerspruch, der in Zuschriften an Bistumszeitungen sogar ihren Widerruf und damit den Widerruf eines der höchsten Prinzipien katholischer Ethik und Moral, nämlich des Primats des Gewissens, fordert. Die unbedingte Richtigkeit von *Humanae Vitae* sei, so wird behauptet, durch das „Naturrecht" erwiesen.

Das Naturrecht hat seine Wurzeln in der griechischen Philosophie (Platon, Aristoteles) und wurde von christlicher Philosophie und Theologie weiterentwickelt. Die Allgemeine Erklärung der Menschenrechte durch die Vereinten Nationen und die Verfassung der Vereinigten Staaten von Amerika aus dem Jahre 1776 stützen sich auf das Naturrecht. In der Formulierung allgemeiner Prinzipien liegt dessen Bedeutung. Ungeeignet ist es hingegen für das Verfassen detaillierter Vorschriften zum Gebrauch technischer Mittel in zwischenmenschlichen Beziehungen. Zu sehr erweitert haben sich unsere Kenntnisse von „Natur" seit der Zeit der Griechen und der Entwicklung der Naturphilosophie vor dem 20. Jahrhundert. Zugleich fanden große gesellschaftliche Veränderungen statt. Widerspricht es nicht der Vernunft, das zu ignorieren und dennoch zu beanspruchen, den vollen Durchblick durch die biologischen und psychologischen Prozesse in Sexualität und Reproduktion samt deren gesellschaftliche Folgen zu haben und dafür ewig gültige Normen aufstellen zu können? Ohne den Ballast scheinbar naturrechtlich begründeter, detaillierter Betriebsanleitungen für eheliches „Erkennen" könnte die Lehre der Kirche von der Würde und der heiligenden Wirkung des Ehesakraments neue Strahlkraft und Überzeugungsmacht entfalten.

Eine weitere Überdehnung des „Naturrechts", die weniger bekannt ist als *Humanae Vitae* und die das Eigentum betrifft, erläuterte ein Jesuit Anfang der 1960er-Jahre ohne jede polemische Absicht vor katholischen Studenten der TH Darmstadt folgendermaßen: „Wenn ein gelähmter Mann im Rollstuhl beobachten muss, wie Buben trotz seiner heftigen Proteste immer wieder die Kirschen vom Baum in seinem Garten stehlen, hat er das Recht, sie mit seiner Flinte aus der Baumkrone zu schießen."

Kaum ein Mann der Kirche wird heute noch eine derartig übersteigerte Auffassung des „Rechts auf Eigentum" vertreten. Verzichtete das kirchliche Lehramt auch auf den Erlass technischer Vorschriften für die liebende Vereinigung von Eheleuten, verschlössen viel weniger Menschen ihre Ohren, wenn die Kirche vor dem Zerbrechen von Zucht und Treue warnt.

Literatur

1. Abbot, Edwin A.: Flatland. Dover Publications, New York, 1952, S. 88

2. Hoffmann, Banesh: *Introduction* zur 1952-er Neuauflage von „Flatland" [1]

3. Dante Alighieri: Die Göttliche Komödie. Winkler, München, 1957

4. von Soden, Wolfram: Sumer, Babylon und Hethiter bis zur Mitte des zweiten Jahrtausends v. Chr. In: G. Mann u. A. Heuß (Hrsg.), Propyläen Weltgeschichte Band 1, Propyläen, Berlin, Frankfurt/M., 1991, S. 588–589

5. Wagner, Gerhard: Herr Walther von der Vogelweide – ein Minnesänger aus dem Steigerwald. Franz Teutsch, Gerolzhofen, 2008, S. 15 und 21. In der sog. Lachmann Zählung (L) steht der Vers auf Seite 28 in Zeile 31: (L28,31)

6. 1 Könige (3 Kg) 12, 14

7. Jesaja 1, 11–17

8. Sieferle, R. P.: Das vorindustrielle Solarenergiesystem. In: H. G. Brauch (Hrsg.), Energiepolitik, Springer, Berlin, 1997, S. 27–46

9. Pelt, J. M.: Wie muss sich das Leben der Europäer ändern? Physikalische Blätter, 31. Jg., 1975, S. 241–245

10. Die Bibel. Altes und Neues Testament. Einheitsübersetzung. Herausgegeben im Auftrag der Bischöfe Deutschlands, Österreichs, der Schweiz, des Bischofs von Luxemburg, des Bischofs von Lüttich, des Bischofs von Bozen-Brixen. Für die Psalmen und das Neue Testament auch im Auftrag des Rates der Evangelischen Kirche in Deutschland und des Evangelischen Bibelwerks in der Bundesrepublik Deutschland. Katholische Bibelanstalt GmbH, Stuttgart, 1980. Lizenzausgabe für den Verlag Herder, Freiburg im Breisgau. Zitiert werden die biblischen Bücher in der Reihenfolge *Buch (und) Kapitel, Vers(e)*

11. In: [10], S. 1

12. In: [10], S. 3

13. Kraus, Hans-Jochim: Israel. In: G. Mann u. A. Heuß (Hrsg.), Propyläen Weltgeschichte Band 2, Propyläen, Berlin, Frankfurt/M., 1991, S. 238–349

14. ebd. S. 243

15. Genesis 1, 1–3; Genesis 1, 26–27

16. Exodus 3, 13–14

17. Deuteronomium 6, 4–5; Levitikus 19, 18

18. Amos 5, 7, 11–15

19. Jesaja 10, 1–3

20. Jesaja 9, 1–5

21. Jesaja 42, 1–3; 52, 13–15

22. In: [10], S. 1079

23. Matthäus 1, 18

24. Matthäus 1, 24–25

25. Matthäus 2, 1–2

26. Lukas 3, 1–3, 21–22

27. Matthäus 5, 1–10

28. Matthäus 5, 39

29. Matthäus 5, 44

30. Matthäus 7, 12

31. Matthäus 24, 1–2; 25, 31–40

32. Markus 12, 28–33
33. Lukas 8, 40–56
34. Markus 6, 1–6a
35. Johannes 5, 2–18
36. Markus 14, 17–25
37. Markus 14, 43, 46, 53, 61–64
38. Markus 15, 1, 15
39. Markus 15, 22, 24–25
40. Johannes 19, 25
41. Markus 15, 34, 37
42. Johannes 19, 41–42
43. Johannes 20, 1–10, 11–18
44. 1 Korinther 15, 13–20
45. Matthäus 28, 16–20
46. Der Große Brockhaus, Band 5. F. A. Brockhaus, Wiesbaden, 1979, S. 239
47. Sudbrack, Josef (Hrsg.): Zeugen christlicher Gotteserfahrung. Grünewald, Mainz, 1981
48. Sudbrack, Josef: Theresa von Avila. In: [47], S. 132–152
49. ebd. S. 132
50. ebd. S. 137–139; Übersetzung des Gedichts vom Verf.
51. Knauer, Peter: Ignatius von Loyola. In: [47], S. 114–116
52. Albrecht, Barbara: Therese von Lisieux. In: [47], S. 153–157
53. Hünermann, Peter: Charles de Foucauld. In: [47], S. 167, 180–181
54. Herbstrith, Waltraut (Hrsg.): Edith Stein, Ein neues Lebensbild. Sonderband Wo Gott mir begegnet ist, aus Herderbücherei Band 1035, Herder, Freiburg im Breisgau, 1985, S. 27–33
55. Bethge, Eberhard: Dietrich Bonhoeffer – Eine Biographie, 5. Auflage. Kaiser, München, 1983
56. ebd. S. 38–40
57. ebd. S. 704

58. Kerkeling, Hape: Ich bin dann mal weg. Piper, München, Zürich, 2001

59. ebd. S. 278–291

60. In: [48], S. 141

61. Ganoczy, Alexandre: Suche nach Gott auf den Wegen der Natur. Patmos, Düsseldorf, 1992

62. Christ in der Gegenwart, 65. Jahrg., 21. Juli 2013, S. 325–327: „Zwischen Verblendung und Erleuchtung", Interview mit Professor Dr. Frido Mann

63. Meadows, Donella H., Dennis L. Meadows, Jorgen Randers & William W. Behrens III: Die Grenzen des Wachstums. Bericht des Club of Rome zur Lage der Menschheit. Aus dem Amerikanischen von Hans-Dieter Heck. Deutsche Verlags-Anstalt, Stuttgart 1972; Rowohlt, Reinbek 1973

64. Jäger, Willigis: Kontemplation – Gottesbegegnung heute, 2. Auflage. Otto Müller, Salzburg, 1983

65. Schulze Herding, Jürgen: Stark! Mich firmen lassen. Deutscher Katecheten-Verein, München, 2012

66. Sillescu, Hans: Gedankenspiele eines alten Mannes. Mainz, 2011

67. Bultmann, Rudolf: Neues Testament und Mythologie. Das Problem der Entmythologisierung der neutestamentlichen Verkündigung (1941). In: H.-W. Bartsch (Hrsg.) Kerygma und Mythos, Band 1, 1948. 4. Aufl. Reich, Hamburg, 1960, S. 15–48

68. Böttigheimer, Christoph: Kirchlicher Reformbedarf. Stimmen der Zeit 3/2012, 187–196

69. Christ in der Gegenwart, „Was ist Realität?" 64. Jahrg., 6. Mai 2012, S. 210

70. Küng, Hans: Der Anfang aller Dinge. 3. Auflage. Piper, München, Zürich, 2007

71. Plenio, Martin B.: Rauschen und Kohärenz – Welche Rolle spielen Quanteneffekte in der Biologie? Physik Journal 11, Nr. 8/9, 2012: 63–67

72. Hoddeson, L., Daitch, V.: True Genius. The Life and Science of John Bardeen. Joseph Henry, Washington D. C., 2002, S. 169

73. Drossel, Barbara: Und Augustinus traute dem Verstand – Warum Naturwissenschaft und Glaube keine Gegensätze sind. Brunnen, Gießen, 2013

74. Einstein, Albert, Max Born: Briefwechsel 1916–1955. Rowohlt, Hamburg, 1969, S. 34

75. Kroemer, Herbert: Quantum Mechanics. Prentice Hall, Englewoods Cliffs, N.J., 1994. Die Seiten 521–529 beschreiben klar die Grundlagen der Experimente mit korrelierten Teilchen, die im Zusammenhang mit den Bell'schen Ungleichungen die Existenz der von Einstein erhofften verborgenen Parameter endgültig ausschließen

76. Schrödinger, Erwin: Die gegenwärtige Situation der Quantenmechanik. Die Naturwissenschaften 23, 1935, S. 807 ff

77. Bach, Peter: Schriftliche Hausarbeit zur Ersten Staatsprüfung für das Lehramt an Gymnasien 1996/II, Universität Würzburg. Im Anhang A seiner Ausarbeitung der Vorlesung „Quantenmechanik I" von R. Kümmel hat Peter Bach das Problem von Schrödingers Katze in der beschriebenen Weise geschildert und weitere Interpretationen der Quantentheorie sowie die damit verbundenen Kontroversen dargestellt

78. Ludwig, G.: Die Katze ist tot. In: J. Audretsch, G. Mainzer (Hrsg), Wieviele Leben hat Schrödingers Katze? BI-Wissenschaftsverlag, Mannheim, 1990

79. siehe [73], S. 79 f

80. Teilhard de Chardin, Pierre: Der Mensch im Kosmos. C. H. Beck, München, 1959; „Le Phénomène Humain". Editions du Seuil, Paris, 1956

81. ebd. S. 265

82. ebd. S. 271

83. Hogan, Craig J.: Auf der Suche nach dem Quanten-Ursprung der Zeit. Spektrum der Wissenschaft, Dezember 2002, S. 28–36

84. https://en.wikipedia.org/wiki/Observable_universe

85. Pfalz, Mike: Überraschende Beschleunigung. Physik Journal 10. Jahrg., Nov. 2011, S. 6–7

86. O'Neill, Gerard K.: The High Frontier. William Morrow & Co., New York, 1977; Deutsch: Unsere Zukunft im Raum. Hallwag, Bern, 1978. Zusammenfassung in Kümmel, R.: Wachstumskrise und Zukunftshoffnung. In: CIVITAS – Jahrbuch der Sozialwissenschaften, Band 16, Görres Gesellschaft (Hrsg.), Grünewald, Mainz, 1979, S. 11–61

87. Kümmel, Reiner: The Second Law of Economics – Energy, Entropy, and the Origins of Wealth. Springer, New York, Dordrecht, Heidelberg, London, 2011

88. Strahan, David: The Last Oil Shock. John Murray, London, 2007

89. Solow, Robert M.: The Economics of Resources and the Resources of Economics. American Economic Review 64, 1974, 1–14

90. Kümmel, Reiner: Energiewende, Klimaschutz, Schuldenbremse – Vorbild Deutschland? In: J. Ostheimer, M. Vogt (Hrsg.) Die Moral der Energiewende. Kohlhammer, Stuttgart, 2014, 109–133

91. Fricke, J., Schüßler, U., Kümmel, R.: CO_2-Entsorgung. Physik in Unserer Zeit 20, 1989, 56–81

92. von Buttlar, Haro: Umweltprobleme. Physikalische Blätter 31, 1975, 145–155

93. Kohelet (Prediger oder Ecclesiastes): 1,2–1,11

94. siehe [87], S. 133

95. Schönwiese, Christian-Dietrich: Klimatologie, 3. Auflage. Ulmer UTB, Stuttgart, 2008. Dies Werk gibt eine umfassende

Darstellung des Klimas und des anthropogenen Treibhauseffekts

96. Diamond, Jared: Guns, Germs, and Steel – The Fates of Human Societies. W.W. Norton & Co., New York, London, 1999 S. 157

97. Niklaus von Kues: Vom Sehen Gottes. Artemis, Zürich, München, 1987, S. 46 f

98. Günther, Gotthard: Dreiwertige Logik und die Heisenberg'sche Unbestimmtheitsrelation. Actes du IIeme Congrès International de l'Union Internationale de Philosophie des Sciences, Zürich 1954, Vol. II, pp. 53–59; s. auch: http://www.vordenker.de/ggphilosophy/gg_heisenberg-relation.pdf

99. Augustinus: Vom Gottesstaat, übertragen von W. Thimme. Zürich, 1955, Band 2, Buch 11, Kapitel 6, S. 15

100. Richard von St. Viktor: Die Dreieinigkeit, übers. v. Hans Urs von Balthasar. Einsiedeln, 1980

101. Anselm von Canterbury: Proslogion, lat.-dt. v. F. S. Schmitt. Stuttgart, 1962, S. 19

102. Tillich, Paul: Systematische Theologie, I. Stuttgart, Frankfurt, 1980, S. 315

103. Barth, Karl: Kirchliche Dogmatik, Bd. II,1; S. 699, zitiert nach [104]

104. Davies, Paul: Gott und die moderne Physik. Bechtermünz/Weltbild, Augsburg, 1998, S. 177

105. Der Große Brockhaus, F. A. Brockhaus, Wiesbaden, 1979, Band 8, S. 625

106. Der Große Brockhaus, F. A. Brockhaus, Wiesbaden, 1979, Band 5, S. 467

107. Der Große Brockhaus, F. A. Brockhaus, Wiesbaden, 1978, Band 4, S. 617–618

108. siehe [70], S. 127

109. Stein, Edith in: Waltraud Herbstrith (Hrsg.), Edith Stein – Aus der Tiefe leben. Topos plus, Kavelaer, 2013; zitiert nach Christ in der Gegenwart Nr. 40/2013, S. 449

110. Epping, Josef: Jeder auf seine Weise. Christ in der Gegenwart 24, 66. Jahrg., 2014, S. 269–270. Dieser Aufsatz enthält den zitierten Beschluss des Vierten Laterankonzils von 1215

111. Rahner, Karl: Warum lässt Gott uns leiden? Schriften zur Theologie 14, 1980, 450–466, Zitat S. 465 f

112. Sillescu, Hans: Kommentare zu „Die Vierte Dimension" (Version vom März 2013) von Reiner Kümmel, übermittelt per E-Mail am 11.05.2013

113. Sillescu, Hans: GOTT und ZEIT – Wie menschliche Gottesvorstellungen zu verschiedenen Zeitbegriffen korrespondieren. Manuskript, Entwurf 09.04.2013, unveröffentlicht. Sillescu weist darin auch auf den Begriff des *Blockuniversums* innerhalb der Philosophie der Zeit hin. Dieser scheint den in „Immerwährende Schöpfung" angestellten Überlegungen zu entsprechen: http://de.wikipedia.org/wiki/Blockuniversum, Zugriff am 30.07.2013

114. Evers, Dirk: Gott und mögliche Welten, Mohr Siebeck, Tübingen 2006, S. 406 f

115. von Schlabrendorff, Fabian: Offiziere gegen Hitler. Zürich, 1946, S. 73 ff

116. siehe [55], S. 875 f

117. siehe [55], S. 1038

118. Kümmel, Reiner: Moderne Physik und christlicher Glaube. In: P. Becker, Th. Gerold (Hrsg.), Die Theologie an der Universität LIT, Münster, 2005, 45–56

119. Küng, Hans: Credo. Das Apostolische Glaubensbekenntnis, Zeitgenossen erklärt. Piper, München, 2000

120. Scholl, Norbert: Das Glaubenbekenntnis, Satz für Satz erklärt. Kösel, München, 2000

121. Theißen, Gerd: Glaubenssätze – ein kritischer Katechismus. Gütersloher Verlagshaus, 2012

122. Sillescu, Hans: Denn bei Gott ist kein Ding unmöglich? Eine Betrachtung über biblische Wunder. http://www. physikalische-chemie.uni-mainz.de/611.php

123. Frank, K. Suso, Rudolf, Kilian, Otto, Knoch, Gisela, Lattke, Karl, Rahner: Zum Thema Jungfrauengeburt. Verlag Katholisches Bibelwerk, Stuttgart, 1970

124. Knoch, Otto: Die Botschaft des Matthäusevangeliums über Empfängnis und Geburt Jesu vor dem Hintergrund der Christusverkündigung des Neuen Testaments. In [123], 37–59; darin S. 51

125. Lattke, Gisela: Lukas 1 und die Jungfrauengeburt. In [123], 61–89; darin S. 75, 76

126. Rahner, Karl: Dogmatische Bemerkungen zur Jungfrauengeburt. In [123], 122–158; darin S. 128

127. Kilian, Rudolf: Die Geburt des Immanuel aus der Jungfrau. In [123], 9–35; darin S. 9–16

128. Knoch, Otto: In [124]; darin S. 47, 48

129. Frank, K. Suso: Geboren aus der Jungfrau Maria, Das Zeugnis der alten Kirche. In [123], 91–120; darin S. 91–97

130. Knoch, Otto: In [124]; darin S. 58

Sachverzeichnis